高·等·职·业·教·育·教

园林工程预决算

冯霞　徐宁飞　主编

YUANLIN GONGCHENG
YUJUESUAN

化学工业出版社
·北京·

内容简介

本书以一个园林景观工程预决算案例作为基础，全面系统地介绍了在园林工程清单计价和使用广联达软件进行计价模式下预决算编制的过程和方法。全书以介绍园林工程预决算编写实践技能和计价规范知识为重心，包含园林工程预算基础知识、园林工程工程量清单编制与计价、运用预算软件编制园林工程预算书、园林工程结算与竣工决算4个项目。

本书按照园林景观工程实际施工中预决算的程序进行编写，内容系统、符合实际，实用性、指导性和可操作性强，适合中高职学生、园林景观工程预决算编制人员使用，也可供园林景观设计、园林景观施工和园林工程预算相关岗位培训人员参考使用。

为了方便教学，本书采用工作手册式活页装帧，配有项目图纸和微课视频（包含PPT电子课件），凡选用本书授课的教师或学习者均可扫码观看。

图书在版编目（CIP）数据

园林工程预决算/冯霞，徐宁飞主编. —北京：化学工业出版社，2023.8
ISBN 978-7-122-43562-0

Ⅰ.①园⋯ Ⅱ.①冯⋯ ②徐⋯ Ⅲ.①园林-工程施工-建筑经济定额 Ⅳ.①TU986.3

中国国家版本馆CIP数据核字（2023）第093276号

责任编辑：李　丽
文字编辑：王　硕
责任校对：李　爽
装帧设计：王晓宇

出版发行：化学工业出版社
　　　　　（北京市东城区青年湖南街13号　邮政编码100011）
印　　装：中煤（北京）印务有限公司
787mm×1092mm　1/16　印张11　字数229千字
2023年9月北京第1版第1次印刷

购书咨询：010-64518888
售后服务：010-64518899
网　　址：http://www.cip.com.cn
凡购买本书，如有缺损质量问题，本社销售中心负责调换。

定　价：49.00元　　　　　　　　　　　版权所有　违者必究

编写人员名单

主　编：冯　霞　徐宁飞
副主编：刘建新　李远航　黄洁贞　罗国良　黄茂林
参　编：李成仁　梁小双　程　晨　李钱鱼

随着我国园林事业的发展,园林行业预决算人员逐渐从建筑行业剥离出来,市场上对园林预决算人员需求量越来越大。教职成司函〔2019〕94号《关于组织开展"十三五"职业教育国家规划教材建设工作的通知》把新形态教材放在重要地位。《园林工程预决算》编写团队基于岗位能力要求,依据行业标准工作过程,以技能为导向,研发真实任务驱动的职业教育教材。同时我们以参加广东省高职教育教学改革研究与实践项目"1+X证书制度下'工作页式'活页教材开发探索——以园林工程招投标与概预算开发为例"之成果为基础,在课题组专家团队指导下并在研究园林类专业课程体系总体框架基础上完成本书编写。

《园林工程预决算》教材设计思路是:使用新型活页式教材并配套开发信息化资源,对接主流生产技术,注重吸收行业发展的新知识、新技术、新工艺、新方法,校企合作开发专业课教材;本教材应适用于不同的生源类型,实现"把立德树人融入思想道德、文化知识、社会实践教育各环节,贯通学科体系、教学体系、教材体系、管理体系"的目标任务;本教材紧密对接园林工程预决算岗位,以《园林绿化工程工程量计算规范》(GB 50858—2013)和《建筑工程工程量清单计价规范》(GB 50500—2013)为依据,按照"园林预算员岗位工作流程"的设计思路,应用工程项目案例,将教学内容重构为4大项目、14个学习任务,以园林工程施工图识读、园林绿化工程预算定额的使用、园林工程项目划分、园林绿化工程工程量清单编制与计价、园路工程工程量清单编制与计价、假山工程工程量清单编制与计价、土方工程工程量清单编制与计价、园林景墙工程工程量清单编制与计价、钢筋工程工程量清单编制与计价、园林景观工程预算书编制、工程预付款与进度款拨付、合同价款调整、园林工程价款结算、竣工决算等具体任务为载体实施教学(参见视频 1）。

广东环境保护工程职业学院冯霞全面负责本书编写大纲、编写思路的确定和统稿工作，中铁第六勘察设计院集团有限公司徐宁飞负责本书施工图绘制；广州建设职业学院李钱鱼、广州华苑园林股份有限公司侯晓娜、深圳市群兴工程造价咨询有限公司黄立纯、广东省建筑设计研究院股份有限公司黎宁东对本书编写给予指导。本书编写过程中得到了广东环境保护工程职业学院有关部门的大力支持，在此向各位老师深表谢意。同时本书的编写还参考了有关文献资料，在此对相关作者一并致谢！

由于编者水平有限，书中难免存在不足和疏漏之处，敬请广大读者给予批评指正。

视频 1

编者

2023 年 6 月

项目 1　园林工程预算基础知识　　/ 001

　　任务 1.1　园林工程施工图识读　　/ 002

　　任务 1.2　园林绿化工程预算定额的使用　　/ 007

　　任务 1.3　园林工程项目划分　　/ 012

项目 2　园林工程工程量清单编制与计价　　/ 017

　　任务 2.1　园林绿化工程工程量清单编制与计价　　/ 018

　　任务 2.2　园路工程工程量清单编制与计价　　/ 030

　　任务 2.3　假山工程工程量清单编制与计价　　/ 037

　　任务 2.4　土方工程工程量清单编制与计价　　/ 042

　　任务 2.5　园林景墙工程工程量清单编制与计价　　/ 055

　　任务 2.6　钢筋工程工程量清单编制与计价　　/ 065

项目 3　运用预算软件编制园林工程预算书　　/ 075

项目 4　园林工程结算与竣工决算　　/ 103

  任务 4.1 工程预付款与进度款拨付 /104
    子任务 4.1.1 工程预付款的计算与扣回 /104
    子任务 4.1.2 工程进度款的计算与支付 /107
  任务 4.2 合同价款调整 /111
  任务 4.3 园林工程价款结算 /121
  任务 4.4 竣工决算 /127

附录 A 某园林景观工程施工图（项目 3） /133

附录 B 某园林景观工程分部分项工程量清单综合单价分析表（项目 3） /147

参考文献 /168

项目 1
园林工程预算基础知识

（视频 2）

项目概述

由于国民经济的发展，以及人们对美好生活的向往，园林工程建设相关事务得到显著重视；同时，建设工程市场日趋成熟与规范，必备的园林工程招投标环节离不开园林工程预算。

园林工程预算是指在园林工程建设过程中，根据不同建设阶段设计文件的具体内容和有关定额、指标及取费标准，对预期发生的消耗进行研究、预算、评估，并对上述的结果进行编辑、确定而形成的相关技术经济文件。

园林工程预算基础知识主要包括园林工程施工图识读、园林绿化工程预算定额的使用、园林工程项目划分等。

视频 2

技能要求

① 能正确识读园林工程施工平面图、立面图、剖面图。
② 能进行园林工程预算定额套用并换算。
③ 能按照园林工程预算定额的要求，根据园林工程施工图进行项目划分。

知识要求

① 掌握园林工程施工图纸基本知识。
② 熟悉园林工程计价的分类。
③ 掌握园林工程预算定额的基础知识。
④ 掌握园林工程项目划分的方法。

思政要求

① 通过学习园林工程预决算的相关知识，领会"匠心筑园"的精髓。要用发展的思维看世界，匠心淬炼，只为给人们带来更美好的园林生活。
② 通过学习，了解园林工程预决算岗位的职业特点，建立工匠思维，形成创新意识。

任务 1.1

园林工程施工图识读

（视频 3）

视频 3

 学习目标

① 掌握园林工程图的组成与索引关系，能熟练排列出园林工程图图纸的装订顺序。

② 理解园林工程图的比例关系。

③ 能正确识读园林工程平面图、立面图、剖面图，能够对照图示内容完成读图报告。

④ 明确园林工程图的施工工艺，能读懂园林工程施工图纸，并完成识图报告。

 任务书

对图 1-1，即广东某园林景观工程围墙的平面图、立面图、剖面图进行识读。

 任务分配（表 1-1）

表1-1　学生任务分配表

班级		组号		指导老师	
组长		学号			
组员	姓名	学号	分工		

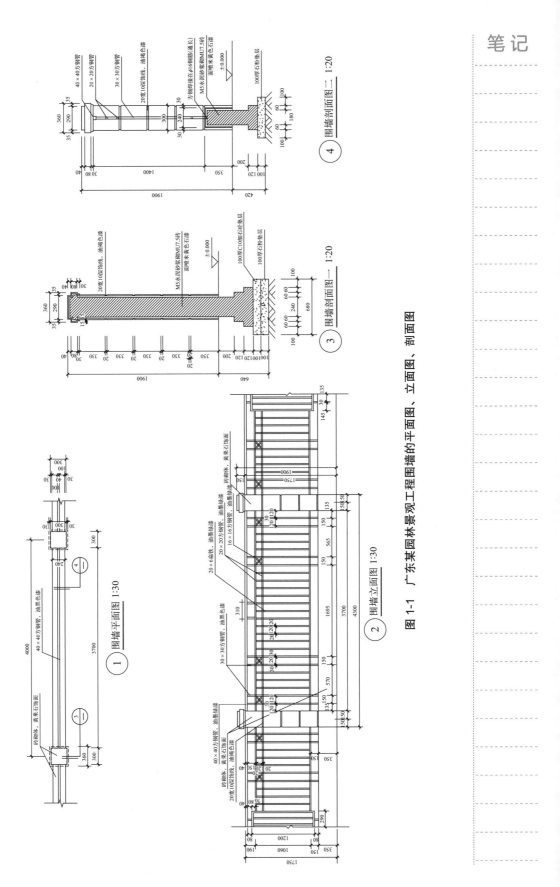

图 1-1 广东某园林景观工程围墙的平面图、立面图、剖面图

任务1.1 园林工程施工图识读

工作准备

园林工程施工图识读的具体步骤如下。

第一步：查看全部图纸内容，掌握整个园林工程施工图识读过程（图1-2）。

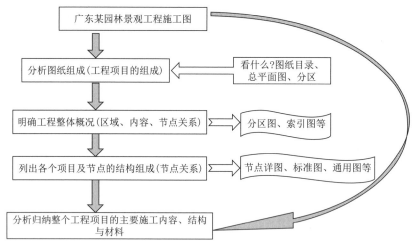

图1-2 园林工程施工图识读过程

第二步：识读园林工程施工总平面、平面、立面、剖面施工图。

① 园林工程施工总平面图。

A. 作用：有助于了解整体环境的构成，明确各个区域的划分，掌握总图与分图间的关系。

B. 基本内容：索引图、总平面图、竖向设计图、植物配置图等。

C. 看图要点：把握全局，明确分区，抓住关键；掌握园林制图中的基本制图规范，明确制图符号的含义；熟练掌握总图中的设计说明内容。

② 以图1-3所示广东某园林景观工程园路假山施工图为例，识读平面、立面图时关注点如下。

A. 平面图：平面尺寸、材料、平面关系。

B. 立面图：厚度与高度、材料、结构、立面关系。

③ 学看剖面图：掌握剖面结构，明确结构的尺寸与材料，熟悉施工工艺。园林工程项目的确定主要依据剖面图的材料结构进行划分，工程量的计算由平面尺寸和剖面尺寸共同计算完成。

 任务引导

① 请根据图1-1，识读园林工程施工图，读出表1-2列项的尺寸、数量，并填写。

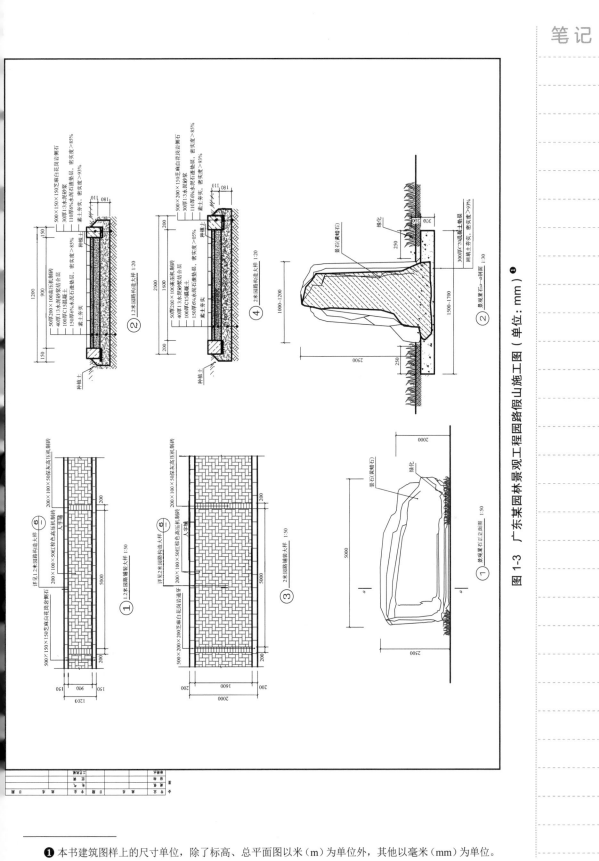

图 1-3 广东某园林景观工程园路假山施工图(单位:mm)❶

---

❶ 本书建筑图样上的尺寸单位,除了标高、总平面图以米(m)为单位外,其他以毫米(mm)为单位。

表1-2　园林工程施工图识读

序号	项目名称	数量	长/m	宽/m	高/m
1	墙体				
1.1	素土夯实				
1.2	石粉垫层				
1.3	砖砌体基础				
1.4	砖砌体墙身				
1.5	黄栗石饰面				
1.6	压顶石				
2	墙柱				
2.1	素土夯实				
2.2	石粉垫层				
2.3	砖砌体基础1				
2.4	砖砌体基础2				
2.5	砖砌体柱身				
2.6	黄栗石饰面				
2.7	压顶石				

②学习者分组后进行讨论，存在不清楚的问题是：

_____

_____

_____

 任务实施

①阅读工作任务书，识读施工图纸。

②结合当地园林工程招标项目提供的园林景观工程施工图，可查看广州交易集团有限公司（广州公共资源交易中心）网站，下载一套园林景观工程施工图，掌握看图的程序。

③结合任务书分析园林工程施工图识读中的难点和常见问题。

任务 1.2

园林绿化工程预算定额的使用

（视频 4～视频 6）

学习目标

① 能根据园林工程招标文件要求，收集相应的园林工程预算定额；熟悉掌握园林工程预算定额的项目划分与章节安排。

② 理解园林工程预算定额的组成，掌握定额项目表的相互关系；能根据识读园林施工图纸列出的工程项目，结合园林绿化工程预算定额内容，找到与之相匹配的园林工程预算定额项目。

③ 能正确理解园林工程预算定额的各项目的工作内容。

④ 会使用广东省的园林工程预算定额，并能够收集当地使用具体要求。

任务书

（1）绿化工程 1

根据《广东省园林绿化工程综合定额》（2018）查找出下列工程项目的定额编号、工程项目名称、定额单位、人工费、材料费、机械费、管理费及基价信息，完成表 1-3。

表1-3　绿化工程定额查询

序号	定额编号	工程项目名称	定额单位	人工费	材料费	机械费	管理费	基价
例1	E1-1-1	绿化地铲除杂草	100m²	144.48 元	4 元	—	18.78 元	167.26 元

① 人工平整绿化用地；

② 栽植红花紫荆，其土球直径为40cm（注：土球直径大小是胸径的8～10倍）；

③ 栽植人面子，其胸径为10cm。

（2）绿化工程2

根据《广东省园林绿化工程综合定额》(2018)和《广东省房屋建筑与装饰工程综合定额》(2018)查找出下列工程项目的定额编号、工程项目名称、定额单位、人工费、材料费、机械费、管理费及基价，完成表1-4。

① 栽植的杜英成活保养为3个月；

② 栽植的杜英保存保养为3个月；

③ 人工运种植工程弃土，其运距为30m。

表1-4　绿化工程基价换算

序号	定额编号	工程项目名称	定额单位	人工费/元	材料费/元	机械费/元	管理费/元	基价/元
例1	E1-3-1	胸径为5cm的杜英乔木成活保养	100株·月	474.07	110.97	202.96	88.01	2628.03

任务分配（表1-5）

表1-5　学生任务分配表

班级		组号		指导老师	
组长		学号			
组员	姓名	学号	分工		

工作准备

（1）任务分析

① 明确内容与定额关系，掌握园林绿化工程预算定额的使用（图1-4）。

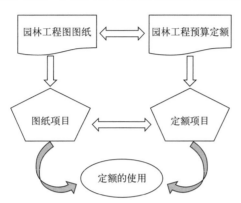

图1-4　定额使用任务分析图

② 首先列出工程项目名称，进行园林绿化工程预算定额的套用练习，掌握园林绿化工程预算定额的使用方法；在此基础上，明确园林工程预算定额有什么用途，理解预算定额的组成部分以及相互关系。

（2）园林工程预算定额子目的换算

① 定额换算的意义：施工图纸设计的工程项目内容，与选套的相应定额项目规定的内容不一致时，如果定额规定允许换算或调整，则应在定额规定范围内换算或调整，套用换算后的定额项目。对换算后的定额项目编号应加括号，并在括号右下角注明"换"字，以示区别，如（E10-24）$_{换}$。

② 定额换算类型：

a. 材料种类、规格设计与定额不同时引起的换算。

b. 基本项和增减项换算。

在定额换算中，按定额的基本项和增减项进行换算的项目较多，例如余土超运距、抹灰厚度，以及油漆喷、涂刷遍数的换算。通常按一定运距调整。

例：计算绿化工程中人工运余土30m的基价。

解析：根据工程内容查定额，判断应套用 E1-436 和 E1-437 项目，此时，定额的编号可书写为"（E1-436）$_{换}$"。

（E1-436）$_{换}$的基价 = E1-436 的基价 + E1-437 的基价

c. 系数换算：由于施工图纸设计的工程项目内容与定额规定的相应内容不完全相符，定额规定在其允许范围内，采用增减系数调整定额基价或其中的人工费、机械费、材料用量等。系数按定额各章说明或附注规定取定。系数增减换算法步骤如下例所示。

例：计算乔木（胸径 15cm 以内）成活保养 3 个月的基价。

解析：查定额，经判断要换算，定额编号为（E1-3-9）$_{换}$。

依据定额说明"4.2 绿化工程的种植期满后，第 1～3 个月的保养称为成活保养，应按本章定额相应子目计算。4.4 本章定额基价按一个月考虑，如实际保养 2～3 个月，计费时应将定额基价乘以相应的月份数量"，可得：

$$换算后的基价 = E1\text{-}3\text{-}9 的基价 \times 3$$

 任务引导

① 预算定额中的基价的构成公式是：

② 表 1-6 是管理费分摊费率表。预算定额中管理费的计算方式是：

表1-6 管理费分摊费率表

序号	专业册	计算基础	管理费分摊费率 /%
1	前期工程	分部分项的 (人工费 + 施工机具费)	13.00
2	栽植工程		13.00
3	植物保养		13.00
4	立体绿化工程		13.00
5	措施项目		13.00

③ 绿化定额 E2-136～137 公共绿化种植其他地被，以及 E4-78～83 其他地被成活保养，其中"其他地被"是指哪些类型的植物？

④ 请调查小区种植一株胸径为 5cm 的香樟需要价格是多少。

⑤ 请调查栽植 1m^2 的地被需要多少袋地被苗。

说明：对于地被要说明每株袋苗是几斤重，或者袋子的直径，大概可以判断每平方米种多少株。育苗袋直径是 10cm 左右，每平方米可以种 26 株。

 任务实施

园林绿化工程预算定额使用的具体步骤：

第一步：翻阅定额，初步了解园林工程预算定额的主要组成部分（图 1-5），可以使用电子信息系统进入"广东省建设工程标准定额站"进行查询。

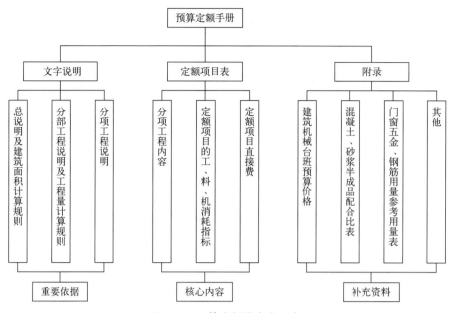

图 1-5 预算定额的内容组成

第二步：根据施工图划分的工程项目，结合预算定额，选择其匹配的预算子项目。

第三步：分析各定额子项目的工作内容与施工工艺的关系，明确预算定额的作用。

第四步：归纳总结出园林工程预算定额使用的基本要求。

任务 1.3

园林工程项目划分

（视频 7）

学习目标

园林工程施工招标项目包含园林绿化工程与园林景观工程。各园林工程项目是由多个基本的分项工程构成的，为了便于对工程进行管理，保证园林景观工程招投标内容的完整性，做到与园林工程招标文件内容相吻合，使工程预算项目与预算定额中项目相一致，就必须对工程项目进行划分。

任务书

根据园林景观工程施工图（图1-6）进行项目划分。

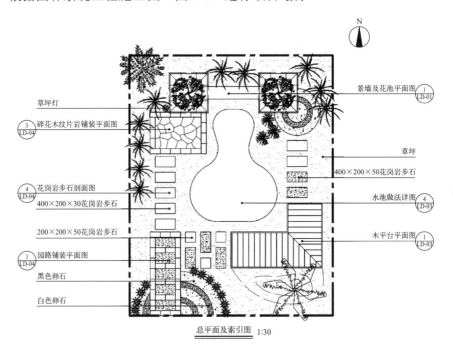

总平面及索引图 1:30

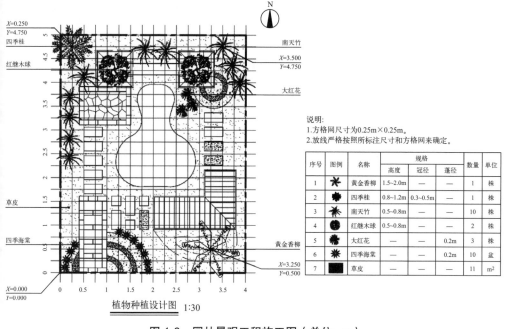

图 1-6 园林景观工程施工图（单位：m）

 任务分配（表 1-7）

表1-7 学生任务分配表

班级		组号		指导老师	
组长		学号			
组员	姓名	学号	分工		

 工作准备

① 上一个任务明确了预算定额的组成与主要内容。项目划分的目的是使工程预算定额中项目相一致，为园林绿化工程，园路、假山工程，土方工程，园林景墙工程，钢筋工程预算编制套定额做好准备。

② 建设总项目是指在一个场地上或数个场地上，按照一个总体设计进行施工的各个工程项目的总和。如一个公园、一个休闲农庄、一个动物园、一个小区等就是一个建设总项目。

任务1.3 园林工程项目划分

③ 单项工程是指在一个工程项目中，具有独立的设计文件，竣工后可以独立发挥工程效益的工程。它是建设项目的组成部分，一个建设项目中可以有几个单项工程，也可以只有一个单项工程。如一个公园里的码头、水榭、喷泉广场等。

④ 单位工程是指具有单列的设计文件，可以进行独立施工，但不能单独发挥作用的工程。它是单项工程的组成部分。如喷泉广场中的园林工程、给排水工程、照明工程等。

⑤ 分部工程一般是指按单位工程的各个部位或是按照使用不同的工种、材料和施工机械而划分的工程项目。它是单位工程的组成部分。如园林工程一般可以划分为4个分部工程：园林绿化工程、堆砌假山及塑山工程、园路及园桥工程、园林小品工程。

⑥ 分项工程是指分部工程中按照不同的施工方法、不同的材料、不同的规格等因素而进一步划分的最基本的工程项目。

注：园林绿化工程中共有21个分项工程，即整理绿化及起挖乔木（带土球）、栽植乔木（带土球）、起挖乔木（裸根）、栽植乔木（裸根）、起挖灌木（带土球）、栽植灌木（带土球）、起挖灌木（裸根）、栽植灌木（裸根）、起挖竹类（散生竹）、栽植竹类（散生竹）、起挖竹类（丛生竹）、栽植竹类（丛生竹）、栽植绿篱、露地花卉栽植、草皮铺种、栽植水生植物、树木支撑、草绳绕树干、栽种攀缘植物、假植、人工换土。堆砌假山及塑山工程有2个分项工程，即：堆砌石山、塑假石山。园路及园桥工程有2个分项工程，即：园路、园桥。园林小品工程有2个分项工程，即：堆塑装饰、小型设施。

 任务引导

根据图1-6园林景观工程施工图进行项目划分，完成图1-7空缺内容填写。

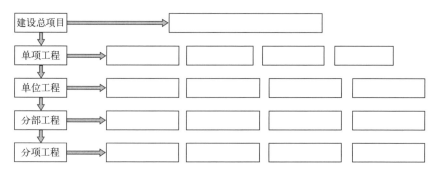

图1-7　园林景观工程项目划分

 任务实施

第一步：明确建设项目——某花园。

第二步：分析该建设项目的单项工程，包括园林建设工程、园林绿化工程、水电安装工程等。

第三步：将每一个单项工程进一步细分为单位工程。如园林建设工程包含有园林建筑工程、园林景观工程。

第四步：按单位工程的各个部位或是使用不同的工种、材料和施工机械而继续将单位工程分解为分部工程，如将园林景观工程划分为园路、景墙、坐凳、铺装、水池等。

第五步：将分部工程按照不同的施工方法、不同材料、不同规格等因素进一步划分为最基本的工程项目，即分项工程。如园林绿化工程根据乔灌地被的不同、苗木规格的不同、施工方法的不同，进一步细分为栽植乔木、栽植灌木、草皮铺种等。分部工程项目划分与定额相匹配，为套定额提供依据。

笔记

项目 2
园林工程工程量清单编制与计价

（视频 8）

项目概述

根据《中华人民共和国招标投标法》和《园林绿化工程工程量计算规范》（GB 50858—2013）、《建设工程工程量清单计价规范》（GB 50500—2013）的规定，套用对应省级预算定额，结合工程实际经验和应用实例，对园林工程中的各分部分项工程、措施项目工程进行工程量清单编制与计价。

视频 8

技能要求

① 能够应用工程量清单计价规范计算园林工程各要素工程量。

② 能运用工程量清单项目和对应预算定额进行园林工程工程量清单编制与计价。

知识要求

① 熟悉工程量计算依据。

② 掌握工程量计算步骤及规则。

③ 掌握工程量清单编制与计价方法。

思政要求

① 在工程量计算过程中，培养脚踏实地、严谨治学的习惯。

② 通过园林工程工程量清单编制与计价实践，激发工作方法创新意识，勤学勤练，避免眼高手低现象。

任务 2.1 园林绿化工程工程量清单编制与计价

学习目标

① 根据园林绿化工程施工工艺流程,能熟练列出招标项目中园林绿化工程项目。

② 按照园林绿化工程定额项目的组成,将工程项目与定额内容相匹配,能正确套用预算定额,完成工程直接费计算表。

③ 明确园林绿化工程造价的组成,会运用各种费用的计算方法;会根据直接费计算表按照工程造价计算顺序计算园林绿化工程造价。

任务书

任务一:广东省某园林绿化工程项目,园林绿化总面积 330.44m^2,所有乔木均为全冠幅假植苗,行道树分支点高度大于 2.5m,绿化种植土 132.18m^3。具体种植情况见苗木表(表 2-1)。具体绿化种植情况见图 2-1、图 2-2。完成该绿化工

表2-1 园林绿化种植苗木表

乔木								
序号	图例	名称	规格			数量	单位	备注
			胸(地)径/cm	高度/m	冠幅/m			
1	✳	人面子	16～17	5～5.5	>3	151	株	全冠幅假植苗,自然型,分枝点高度>2.5m,树冠饱满、密实
地被								
序号		名称	规格		面积	单位	备注	
			高度/m	冠幅/m				
1		中叶龙船花	0.25	0.2～0.25	21	m^2	36袋/m^2,5斤袋	

注:1. 所有乔木均为全冠幅假植苗。行道树分支点高度大于 2.5m。

2. 绿化总面积:330.44m^2。绿化种植土 132.18m^3,包括渠化岛龟背地形堆坡土方量(种植土厚度按 0.4m 计算)。

程工程量清单项目计算、分部分项工程预算编制。

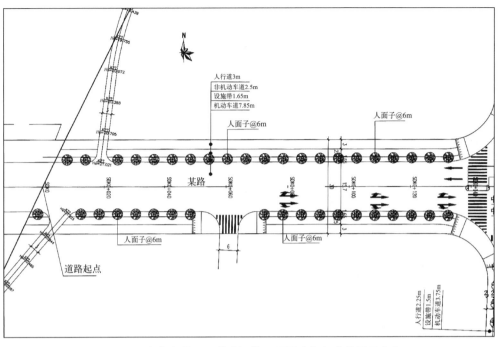

图 2-1 广东省某项目道路绿化平面图（仅部分范围示意）

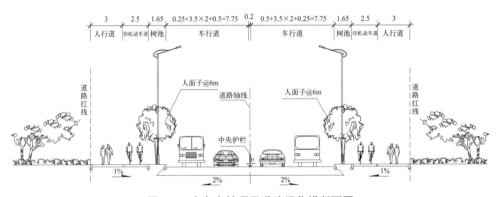

图 2-2 广东省某项目道路绿化横断面图

任务二：计算种植 190 株胸径是 22cm 的杜英的综合合价是多少。其中每株胸径是 22cm 的杜英的市场价是 1600 元。请使用《园林绿化工程工程量计算规范》(GB 50858—2013)、《广东省园林绿化工程综合定额》(2018) 查询相关规范和定额。

任务 2.1　园林绿化工程工程量清单编制与计价

任务分配（表2-2）

表2-2 学生任务分配表

班级		组号		指导老师	
组长		学号			
组员	姓名	学号	分工		

工作准备

（1）任务分析

绿化工程是园林工程中重要的组成部分，植物种类和规格是影响绿化工程造价的主要因素。因此在计算工程量时，首先必须认真阅读苗木表，掌握设计员对植物规格的要求；其次要认真阅读绿化工程设计说明，掌握绿化种植及养护的要求。根据要求完成绿化工程工程量清单项目计算及分部分项工程预算。

（2）知识准备

① 胸径：又称干径，指乔木主干离地表面胸高处的直径。断面畸形时，测取最大值和最小值的平均值。不同乔木的胸高有差异，不同国家对胸径的规定也有差别。我国和大多数国家将胸高位置定为地面以上 1.3m 高处。

② 地径：园林绿化苗木测量中，表示测量位置的一个术语。地径是指树（苗）木距地面一定距离处直径。有些苗木地径起量部位在距离地面 10cm 或 30cm 处，极个别品种起量部位为距地面 5cm，国内没有统一的标准。品种不一样，起量距离有差别；地区不一样，起量距离也不一样。在没有特别说明的情况下，一般都默认地径起量部位在距地面 10cm 处。

③ 冠径：植冠的直径。用于不成丛的单株散生的植物种类。冠径常以"P"表示，系苗木冠丛的最大幅度和最小幅度之间的平均直径。

④ 行道树：种在道路两旁及分车带，给车辆和行人遮阳并构成街景的树种。

⑤ 花坛：在一定范围的畦地上按照整形式或半整形式的图案栽植观赏植物以表现花卉群体美的园林设施。它是一种在具有几何形轮廓的植床内，种植各种不同色彩的花卉，运用花卉的群体效果来表现图案纹样，或观赏盛花时绚丽景观的花卉

运用形式。按使用植物种类不同，可分为木本花坛、草本花坛和混栽花坛。

⑥ 毛毡花坛：横纹花坛的一种。它是由低矮且耐修剪的各种不同色彩的观叶植物组成精美鲜艳的装饰图案的花坛，花坛内植物整体修剪为平整或和缓的曲面，整个花坛好像一张华丽的地毯。

⑦ 混栽花坛：含有两种或两种以上观花或观叶植物，且同时含有木本植物和草本植物，混合栽植并构成一定图案纹样的花坛。

⑧ 三脚竹支撑：如果设计说明里面无明确要求，都选择 3m 长的竹竿进行三脚竹支撑。

⑨ 植生带：将植物种子和肥料固定在无纺布、木浆纸等带形基质材料上面培养出来的地毯式的种植带，是用于草坪种植、边坡绿化等的一种产品。

（3）园林绿化工程量计算规则

① 立地条件营造

a. 绿化地铲除杂草。按需铲除杂草，图示面积以"m^2"计算，弃运工程量根据现场杂草情况折算成体积，以"m^3"计算。

b. 微坡地形土方堆置，从起坡点开始按设计图示尺寸，以"m^3"计算。

c. 换、填耕植土，按设计图示尺寸，以"m^3"计算。

d. 铺草前铺砂找平，按设计图示尺寸，以"m^2"计算。

② 起挖绿化植物

a. 起挖乔木，按设计图示数量，以"株"计算。

b. 起挖灌木，按设计图示数量，以"丛"计算。

c. 起挖绿篱、露地花卉，按设计图示尺寸，以"m^2"计算。

d. 起挖单干棕榈，按设计图示数量，以"株"计算；起挖丛生棕榈，按设计图示数量，以"丛"计算。

e. 起挖单干散生竹，按设计图示数量，以"株"计算；起挖散生竹，按设计图示数量，以"丛"计算。

③ 砍挖绿化植物

a. 砍伐乔木，按设计图示数量，以"株"计算；挖乔木，按设计图示数量，以"株"计算。

b. 砍挖灌木，按设计图示数量，以"丛"计算。

c. 砍挖绿篱、露地花卉、芦苇根，按设计图示尺寸，以"m^2"计算。

d. 砍伐单干棕榈，按设计图示数量，以"株"计算；挖单干棕榈树，按设计图示数量，以"株"计算；砍伐丛生棕榈，按设计图示数量，以"丛"计算。

e. 砍挖竹类，按设计图示数量，以"丛"计算。

④ 运输

a. 运输乔木，按设计图示数量，以"株"计算；运输灌木，按设计图示数量，以"丛"计算。

b. 运输盆苗，按设计图示数量，以"盆"计算；运输袋苗，按设计图示数量，以"袋"计算。

⑤ 假植

a. 假植乔木，按设计图示数量，以"株"计算。

b. 假植灌木，按设计图示数量，以"丛"计算。

c. 假植单干棕榈，按设计图示数量，以"株"计算；假植丛生棕榈，按设计图示数量，以"丛"计算。

（4）其他事项

① 分部分项工程费用概念

a. 分部分项工程费（直接费）是指工程施工过程中耗费的构成工程实体的各项费用，包括人工费、材料费、施工机械使用费。

b. 措施费是指为完成工程项目施工，发生于该工程施工前和施工过程中非工程实体项目的费用，由施工技术措施费和施工组织措施费组成。

c. 规费是指政府和有关政府行政主管部门规定必须缴纳的费用。如：工程排污费、工程定额测定费、社会保障费、住房公积金、危险作业意外伤害保险费。

② 园林绿化工程预算编制程序

第一步：列出工程量计算式，计算结果，见表2-3。

表2-3 绿化工程量计算表

序号	项目名称	规格			损耗	工程量计算	单位
		胸径/cm；苗高/m	冠幅/m	规格			
1	人面子	16～17；3.6～4.0			1+4%	151×1.04	株
2	中叶龙船花	苗高0.25	0.2～0.25	5斤袋，36袋/m²	1+4%	21×36×1.04	袋

第二步：将每一个单项工程进一步细分为单位工程。如园林建设工程包含有园林建筑工程、园林景观工程。

第三步：按单位工程的各个部位或是使用工种、材料和施工机械的不同而继续将单位工程分解为分部工程，如将园林景观工程划分为园路、景墙、坐凳、铺装、水池等。

第四步：分部工程按照不同的施工方法、不同的材料、不同的规格等进一步划分为最基本的工程项目，即分项工程。如园林绿化工程根据乔、灌、地被的不同、苗木规格的不同、施工方法的不同，进一步被细分为栽植乔木、栽植灌木、铺种草皮等。分部工程项目划分与定额相匹配，为套定额提供依据。具体操作步骤见图2-3。

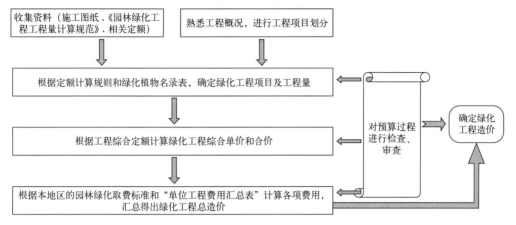

图 2-3 园林绿化工程预算编制程序

③ 工程量与费用计算

a. 园林绿化工程量计算要求。根据《广东省园林绿化工程综合定额》(2018)"栽植工程"中第四条说明：栽植乔木、灌木、棕榈按假植苗、袋苗、盆苗考虑，苗木损耗率为 4.00%；如采用地苗，损耗率调整为 8.00%。

b. 乔木支撑费用：现实中乔木需要支撑，但苗木支撑需要措施项目费用。为了计算的整体性，把乔木支撑费用也放到了分部分项和单价措施项目综合单价分析表中计算。

c. 植物保养费用：植物保养子目按成活保养标准考虑，保存保养应乘以相应调整系数，第 4～6 月乘以系数 0.50，第 7～12 月乘以系数 0.25。植物保养子目按 1 个月考虑，工程计价时应乘以相应的保养月数。

d. 栽植工程费用：栽植乔木中并没有包括起挖和运输的费用，在实际工作中，买苗后商家会直接将假植好的苗运到绿化项目处，所以乔木的起挖和运输的计价包括在了苗木的材料价中。

e. 利润：以人工费与施工机具费之和为基础计算工程利润，即（人工费 + 机具费）×18%= 利润。

 任务引导

① 表 2-4 为任务一乔木的分部分项工程和单价措施项目综合单价分析表。

表2-4 分部分项工程和单价措施项目综合单价分析表

项目编码	项目名称	计量单位	工程量	金额/元					综合单价/元
				人工费	材料费	机械费	管理费	利润	
050102001003	人面子	株	157.00	222.69	41.72	55.05	36.11	49.99	405.56
E1-2-6	栽植乔木（胸径15cm以内）	100株	1.57	13381.88	2210.85	4291.04	2297.48	3181.13	

续表

项目编码	项目名称	计量单位	工程量	金额/元					综合单价/元
				人工费	材料费	机械费	管理费	利润	
E1-3-9×3	单株、单丛植物保养 乔木保养 人工灌溉 胸径(ϕ/cm)20以内 3个月单价×3	100株·月	1.57	4288.98	921.57	606.84	636.48	881.25	
E1-3-9×0.5,×3	单株、单丛植物保养 乔木保养 人工灌溉 胸径(ϕ/cm)20以内 第4～6月单价×0.5 3个月单价×3	100株·月	1.57	2144.49	460.79	303.42	318.24	440.62	
E1-3-9×0.25,×6	单株、单丛植物保养 乔木保养 人工灌溉 胸径(ϕ/cm)20以内 第7～12月单价×0.25 6个月单价×6	100株·月	1.57	2144.49	460.79	303.42	318.24	440.62	
E1-2-131	篙竹三脚桩支撑 竹长3m内	100株	1.57	309.40	118.35		40.22	55.69	
050102008001	中叶龙船花	m²	29.00	24.63	9.98	0.52	3.27	4.53	42.93
E1-2-66	露地花卉成片栽植 木本花卉(育苗袋ϕ10cm以内)	100m²	0.29	796.81	415.89	32.22	107.78	149.23	
E1-3-75×3	片植木本花卉保养 喷灌 3个月单价×3	100m²·月	0.29	833.22	290.88	9.66	109.59	151.72	
E1-3-75×0.5,×3	片植木本花卉保养 喷灌 第4～6月单价×0.5 3个月单价×3	100m²·月	0.29	416.61	145.44	4.83	54.80	75.86	
E1-3-75×0.25,×6	片植木本花卉保养 喷灌 第7～12月单价×0.25 6个月单价×6	100m²·月	0.29	416.61	145.44	4.83	54.80	75.86	

② 表 2-5 为任务一乔木分部分项工程和单价措施项目清单与计价表。

表 2-5 分部分项工程和单价措施项目清单与计价表

序号	项目编码	项目名称	项目特征描述	计量单位	工程量	金额/元 综合单价	金额/元 综合合价
		乔木					
1	050102001003	人面子	① 种类：人面子 ② 胸径或干径：6～17cm。假植苗 ③ 苗高、冠幅：苗高 500～550cm，冠幅＞300cm ④ 养护期：1 年	株	157	405.56	63672.92
			材料费	株	157	1579	247903
		乔木合计					311575.92
		地被					
2	050102008001	中叶龙船花	① 花卉种类：中叶龙船花 ② 单位面积株数：36 袋/m^2 ③ 苗高、冠幅：苗高×冠幅为 25cm×25cm ④ 养护期：1 年	m^2	29	42.92	1244.68
			材料费	袋	1085.76	1.80	1954.368
		地被合计					3199.048

③ 根据任务二，完成分部分项工程和单价措施项目综合单价分析表（表 2-6）。

表 2-6 分部分项工程和单价措施项目综合单价分析表

序号	项目编码	项目名称	计量单位	工程量	人工费	材料费	机械费	管理费	利润	综合单价/元
1	050102001001	杜英	株							

④ 根据任务二，完成分部分项工程和单价措施项目清单与计价表（表 2-7）。

表 2-7 分部分项工程和单价措施项目清单与计价表

序号	项目编码	项目名称	项目特征描述	计量单位	工程量	金额/元	
						综合单价	综合合价
		乔木					
1	050102001001	杜英	①种类：杜英 ②胸径或干径：20～23cm。假植苗 ③苗高、冠幅：苗高 500～550cm，冠幅＞300cm ④养护期：1年	株			
			材料费	株		1600	
		乔木合计					

任务实施

（1）工程量计算依据

本任务以图纸、《广东省园林绿化工程综合定额》(2018)、《园林绿化工程工程量计算规范》（GB 50858—2013）为依据。

（2）列出分部分项工程项目名称

根据图纸和《园林绿化工程工程量计算规范》（GB 50858—2013），进行分部分项工程和单价措施项目清单与计价表编制。其中项目编码查阅表 2-8、表 2-9。

表2-8 绿地整理（编码：050101）

项目编码	项目名称	项目特征	计量单位	工程量计算规则	工作内容
050101001	砍伐乔木	树干胸径	株	按数量计算	①砍伐 ②废弃物运输 ③场地清理
050101002	挖树根（蔸）	地径			①挖树根 ②废弃物运输 ③场地清理
050101003	砍挖灌木丛及根	丛高或蓬径	①株 ②m²	①以株计量，按数量计算 ②以平方米计量，按面积计算	①砍挖 ②废弃物运输 ③场地清理

续表

项目编码	项目名称	项目特征	计量单位	工程量计算规则	工作内容
050101004	砍挖竹及根	根盘直径	株（丛）	按数量计算	① 砍挖 ② 废弃物运输 ③ 场地清理
050101005	砍挖芦苇（或其他水生植物）及根	根盘丛径	m²	按面积计算	
050101006	消除草皮	草皮种类	m²	按面积计算	① 除草 ② 废弃物运输 ③ 场地清理
050101007	清除地被植物	植物种类			① 清除植物 ② 废弃物运输 ③ 场地清理
050101008	屋面清理	① 屋面做法 ② 屋面高度		按设计图示尺寸以面积计算	① 原屋面清扫 ② 废弃物运输 ③ 场地清理
050101009	种植土回（换）填	① 回填土质要求 ② 取土运距 ③ 回填厚度 ④ 弃土运距	① m² ② 株	① 以立方米计量，按设计图示回填面积乘以回填厚度，以体积计算 ② 以株计量，按设计图示数量计算	① 土方挖、运 ② 回填 ③ 找平、找坡 ④ 废弃物运输
050101010	整理绿化用地	① 回填土质要求 ② 取土运距 ③ 回填厚度 ④ 找平找坡要求 ⑤ 弃渣运距	m²	按设计图示尺寸以面积计算	① 排地表水 ② 土方挖、运 ③ 耙细、过筛 ④ 回填 ⑤ 找平、找坡 ⑥ 拍实 ⑦ 废弃物运输
050101011	绿地起坡造型	① 回填土质要求 ② 取土运距 ③ 起坡平均高度	m³	按设计图示尺寸以体积计算	① 排地表水 ② 土方挖、运 ③ 耙细、过筛 ④ 回填 ⑤ 找平、找坡 ⑥ 废弃物运输
050101012	屋顶花园基底处理	① 找平层厚度、砂浆种类、强度等级 ② 防水层种类、做法 ③ 排水层厚度、材质 ④ 过滤层厚度、材质 ⑤ 回填轻质土厚度、种类 ⑥ 屋面高度 ⑦ 阻根层厚度、材质、做法	m²	按设计图示尺寸以面积计算	① 抹找平层 ② 防水层铺设 ③ 排水层铺设 ④ 过滤层铺设 ⑤ 填轻质土壤 ⑥ 阻根层铺设 ⑦ 运输

注：整理绿化用地项目包含厚度≤300mm回填土，厚度＞300mm回填土，应按现行国家标准《房屋建筑与装饰工程工程量计算规范》（GB 50854）相应项目编码列项。

表2-9 栽植花木（编码：050102）

项目编码	项目名称	项目特征	计量单位	工程量计算规则	工作内容
050102001	栽植乔木	①种类 ②胸径或干径 ③株 ④起挖方式 ⑤养护期	株	按设计图示数量计算	①起挖 ②运输 ③种植 ④养护
050102002	栽植灌木	①种类 ②根盘直径 ③灌丛高 ④蓬径 ⑤起挖方式 ⑥养护期	①株 ②m²	①以株计量，按设计图示数量计算 ②以平方米计量，按设计图示尺寸以绿化水平投影面积计算	
050102003	栽植竹类	①竹种类 ②竹胸径或根盘丛径 ③养护期	株（丛）	按设计图示数量计算	
050102004	栽植棕榈类	①种类 ②株高、地径 ③养护期	株		
050102005	栽植绿篱	①种类 ②篱高 ③行数、蓬径 ④单位面积株数 ⑤养护期	①m ②m²	①以米计量，按设计图示长度以延长米计算 ②以平方米计量，按设计图示尺寸以绿化水平投影面积计算	
050102006	栽植攀缘植物	①种类 ②地径 ③单位长度株数 ④养护期	①株 ②m	①以株计量，按设计图示计算 ②以米计量，按设计图示种植长度以延长米计算	
050102007	栽植色带	①苗木、花卉种类 ②株高或蓬径 ③单位面积株数 ④养护期	m²	按设计图示尺寸以绿化水平投影面积计算	
050102008	栽植花卉	①花卉种类 ②株高或蓬径 ③单位面积株数 ④养护期	①株（丛、缸） ②m²	①以株（丛、缸）计量，按设计图示数量计算 ②以平方米计量，按设计图示尺寸以水平投影面积计算	①起挖 ②运输 ③栽植 ④养护

续表

项目编码	项目名称	项目特征	计量单位	工程量计算规则	工作内容
050102009	栽植水生植物	① 植物种类 ② 株高或蓬径或芽数／株 ③ 单位面积株数 ④ 养护期	① 丛（缸） ② m²		
050102010	垂直墙体绿化种植	① 植物种类 ② 生长年数或地（干）径 ③ 栽植容器材质、规格 ④ 栽植基质种类、厚度 ⑤ 养护期	① m² ② m	① 以平方米计量，按设计图示尺寸以绿化水平投影面积计算 ② 以米计量，按设计图示种植长度以延长米计算	① 起挖 ② 运输 ③ 栽植容器安装 ④ 栽植 ⑤ 养护
050102011	花卉立体布置	① 草本花卉种类 ② 高度或蓬径 ③ 单位面积株数 ④ 种植形式 ⑤ 养护期	① 单体（处） ② m²	① 以单体（处）计量，按设计图示数量计算 ② 以平方米计量，按设计图示尺寸面积计算	① 起挖 ② 运输 ③ 栽植 ④ 养护
050102012	铺种草皮	① 草皮种类 ② 铺种方式 ③ 养护期	m²	按设计图示尺寸以绿化投影面积计算	① 起挖 ② 运输 ③ 铺底砂（土） ④ 栽植 ⑤ 养护
050102013	喷播植草（灌木）籽	① 基层材料种类规格 ② 草（灌木）籽种类 ③ 养护期	m²	按设计图示尺寸以绿化投影面积计算	① 基层处理 ② 坡地细整 ③ 喷播 ④ 覆盖 ⑤ 养护
050102014	植草砖内植草	① 草坪种类 ② 养护期	m²		① 起挖 ② 运输 ③ 覆土（砂） ④ 铺设 ⑤ 养护
050102015	挂网	① 种类 ② 规格	m²	按设计图示尺寸以挂网投影面积计算	① 制作 ② 运输 ③ 安放
050102016	箱／钵栽植	① 箱／钵体材料品种 ② 箱／钵外形尺寸 ③ 栽植植物种类、规格 ④ 土质要求 ⑤ 防护材料种类 ⑥ 养护期	个	按设计图示箱／钵数量计算	① 制作 ② 运输 ③ 安放 ④ 栽植 ⑤ 养护

任务 2.2
园路工程工程量清单编制与计价
（视频 9）

学习目标

① 能根据园路工程施工工艺流程熟练列出园路工程项目。

② 能按照园路工程定额项目的组成将工程项目与定额内容相匹配，正确套用预算定额，完成工程直接费计算表。

③ 明确园路工程造价的组成，掌握各种费用的计算方法；会根据直接费计算表按照工程造价计算顺序计算园路工程造价。

任务书

根据园路工程施工图（图 2-4）、《园林绿化工程工程量计算规范》（GB 50858—2013）、《广东省房屋建筑与装饰工程综合定额》（2018）、《广东省市政工程综合定额》（2018）完成园路工程量计算表、分部分项工程和单价措施项目综合单价分析表、分部分项工程和单价措施项目清单与计价表，其中园路长度是 100m。

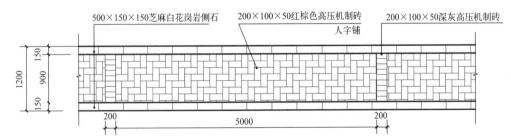

① 1.2m 园路铺装大样 1:50

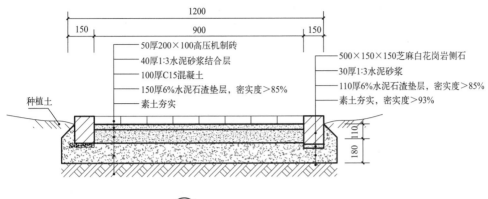

图 2-4 园路工程施工图（单位：mm）

任务分配（表2-10）

表2-10 学生任务分配表

班级		组号		指导老师	
组长		学号			
组员	姓名	学号	分工		

工作准备

（1）任务分析

① 本任务是根据图纸提供的内容，熟练分析并写出园路工程的项目组成，按照工程计价规范计算出园路工程造价。

② 要明确造价的组成，理解相互间的计算关系，明确计算过程中的数据来源。

③ 学习过程中要理解各种费用的组成部分，从实际操作过程中总结归纳具体的园林工程项目预算程序，并运用于其他景观小品工程预算中。

（2）知识准备

① 园路工程：园林中的道路工程。园林道路是园林的组成部分，起着组织空

间、引导游览、交通联系并提供散步休息场所的作用。

② 园路工程结构：路基、基层、结合层、面层。见图 2-5。

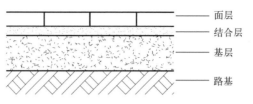

图 2-5　园路工程结构示意

（3）园路工程量计算规则

① 园路土基整理路床工作内容：土基厚度在 ±30cm 以内，填土、找平、夯实、整修、弃土 2m 以外。

② 园路土基整理路床工程量，按整理路床的面积计算，计算单位为 100m²。

③ 园路基础垫层工作内容：筛土、浇水、拌和、铺设、找平、灌浆、振实、养护。

④ 园路基础垫层工程量，按不同垫层材料，以基础垫层的体积计算，计量单位为 m³。基础垫层体积按垫层设计宽度两边各放宽 5cm 乘以垫层厚度计算。

⑤ 园路面层工程量，按不同面层材料、面层厚度、面层花式、以面层的铺设面积计算。

（4）任务实施

① 步骤：识图—归类—读详图—列项目—计算工程量—套定额—计算分部分项工程费—取费获得总造价。

② 项目案例：图 2-6 为某住宅小区 E 区小游园中卵石园路的工程结构图，园路长度为 100m，宽 1.5m。依据《园林绿化工程工程量计算规范》（GB 50858—2013）、《广东省房屋建筑与装饰工程综合定额》（2018）、《广东省市政工程综合定额》（2018）完成园路工程量计算表、分部分项工程和单价措施项目综合单价分析表、分部分项工程和单价措施项目清单与计价表。

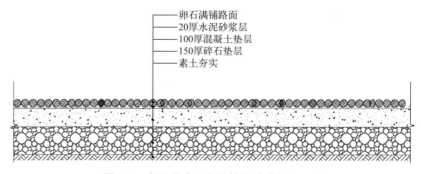

图 2-6　卵石园路工程结构图（单位：mm）

第一步：收集资料。资料包括：a. 设计图纸；b. 定额，依据《广东省房屋建筑与装饰工程综合定额》（2018）、《广东省市政工程综合定额》（2018）；c. 取费标准，按《园林绿化工程工程量计算规范》（GB 50858—2013）；d. 其他有关文件。

第二步：熟悉工程概况，分析图纸结构。结合定额项目划分，可将工程项目划分为：a. 园路土基，整理路床；b. 碎石垫层；c. 混凝土垫层；d. 卵石满铺面层。

第三步：根据定额计算规则，计算园路工程量（表2-11）。

表2-11 园路工程量计算表

序号	项目说明	单位	计算式	工程数量
1	园路工程			
1.1	园林土基、整理路床	m^2	100×(1.5+0.05×2)	160
1.2	碎石垫层	$10m^3$	100×(1.5+0.05×2)×0.15	24
1.3	混凝土垫层	$10m^3$	100×(1.5+0.05×2)×0.1	16
1.4	卵石满铺面层	$10m^2$	100×1.5	150

第四步：根据预算定额完成分部分项工程和单价措施项目清单与计价表（表2-12）、分部分项工程和单价措施项目综合单价分析表（表2-13）。

表2-12 分部分项工程和单价措施项目清单与计价表

序号	项目编码	项目名称	项目特征描述	计量单位	工程量	金额/元	
						综合单价	综合合价
1	050201001001	园路	① 150mm 厚碎石垫层 ② 100mm 厚混凝土垫层 ③ 20mm 厚水泥砂浆结合层 ④ 路面宽 1.5m，鹅卵石路面	m^2	150		

表2-13 分部分项工程和单价措施项目综合单价分析表

序号	项目编码	项目名称	计量单位	工程量	金额/元					综合单价/元
					人工费	材料费	机械费	管理费	利润	
1	050201001001	园路	m^2	150.00	215.87	64.91	0.30	34.62	38.91	354.62
	A1-1-3	素土夯实（夯实机夯实）	$100m^2$	1.60	134.95		16.34	23.45	27.23	2.02
	A1-4-121	碎石垫层	$10m^3$	2.40	650.13	1299.30	7.58	99.58	118.39	217.50
	A1-5-78	混凝土垫层	$10m^3$	1.60	578.36	7.88		166.28	104.10	85.66
	A1-17-21	卵石满铺面层	$10m^2$	15.00	1978.63	440.42		310.05	356.15	308.53

第五步：归纳。园路工程预算编制程序如图 2-7 所示。

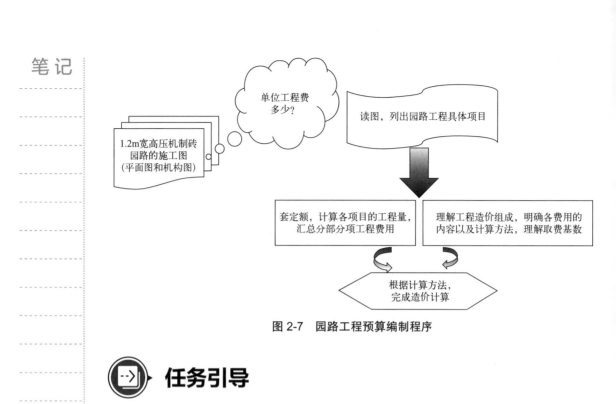

图 2-7 园路工程预算编制程序

任务引导

① 园路工程量计算规则见表 2-14。

表2-14 园路工程量计算规则

项目编码	项目名称	项目特征	计量单位	工程量计算规则	工作内容
050201001	园路	① 路床土石类别 ② 垫层厚度、宽度、材料种类	m^2	按设计图示尺寸以面积计算,不包括路牙	① 路基、路床整理 ② 垫层铺筑 ③ 路面铺筑 ④ 路面养护
050201002	踏(蹬)道	③ 路面厚度、宽度、材料种类 ④ 砂浆强度等级		按设计图示尺寸以水平投影面积计算,不包括路牙	
050201003	路牙铺设	① 垫层厚度、材料种类 ② 路牙材料种类、规格 ③ 砂浆强度等级	m	按设计图示尺寸以长度计算	① 基层清理 ② 垫层铺设 ③ 路牙铺设
050201004	树池围牙、盖板(箅子)	① 围牙材料种类、规格 ② 铺设方式 ③ 盖板材料种类、规格	① m ② 套	① 以米计量,按设计图示尺寸以长度计算 ② 以套计量,按设计图示数量计算	① 清理基层 ② 围牙、盖板运输 ③ 围牙、盖板铺设
050201005	嵌草砖(格)铺装	① 垫层厚度 ② 铺设方式 ③ 嵌草砖(格)品种、规格、颜色 ④ 镂空部分填土要求	m^2	按设计图示尺寸以面积计算	① 原土夯实 ② 垫层铺设 ③ 铺砖 ④ 填土

续表

项目编码	项目名称	项目特征	计量单位	工程量计算规则	工作内容
050201006	桥基础	① 基础类型 ② 垫层及基础材料种类、规格 ③ 砂浆强度等级	m³	按设计图示尺寸以体积计算	① 垫层铺筑 ② 起重架搭、拆 ③ 基础砌筑 ④ 砌石

② 关于水泥石渣垫层,使用《广东省市政工程综合定额》(2018)定额中的"道路基层"查询。

③ 路缘石以米为单位,其中定额子目在《广东省市政工程综合定额》(2018)中的"缘石铺设"查询,其定额中没有包含材料费,需要单独计取。

④ 根据任务书,计算任务中园路的工程量,见表2-15。

表2-15 园路工程量计算表

序号	项目说明	单位	计算式	工程数量
1	园路			
2	路牙			

⑤ 请根据任务书,完成分部分项工程和单价措施项目清单与计价表(表2-16)、分部分项工程和单价措施项目综合单价分析表(表2-17)、单位工程费用计算表(表2-18)。

表2-16 分部分项工程和单价措施项目清单与计价表

序号	项目编码	项目名称	项目特征描述	计量单位	工程量	金额/元	
						综合单价	综合合价
1		园路					
2		路牙					
		材料费	50cm长的花岗岩	m	200		
			合价				

表2-17 分部分项工程和单价措施项目综合单价分析表

序号	项目编码	项目名称	计量单位	工程量	金额/元					综合单价/元	合价/元
					人工费	材料费	机械费	管理费	利润		
1		园路									
2		路牙									

表2-18 单位工程费用计算表

序号	项目名称	金额/元	计算公式
①	分部分项工程量清单		
②	措施项目清单	0	
③	其他项目费用	0	
④	绿色施工安全防护措施费		（分部分项人工费＋分部分项机械费）×费率；费率是10%
⑤	增值税		（①＋②＋③＋④）×税率，计算税率是9%
⑥	合计		①＋②＋③＋④＋⑤

任务 2.3

假山工程工程量清单编制与计价

（视频 10）

学习目标

① 掌握假山设计的要点和置石布置的形式。
② 熟悉假山施工程序与施工方法。
③ 由园路工程预算方法迁移训练其他园路及假山工程的预算编制。

任务书

图 2-8 为佛山某园林工程中假山工程施工图，依据《园林绿化工程工程量计算规范》（GB 50858—2013）、《广东省房屋建筑与装饰工程综合定额》（2018），完成假山工程量计算表、分部分项工程和单价措施项目综合单价分析表、分部分项工程和单价措施项目清单与计价表。

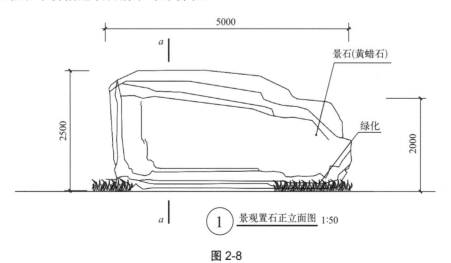

图 2-8

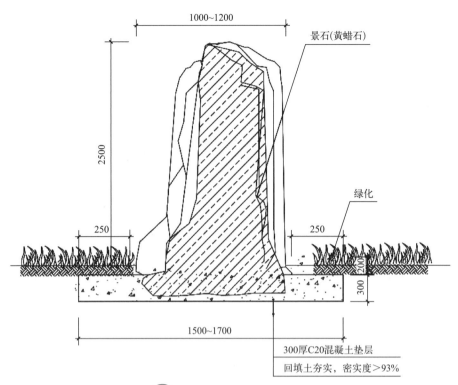

图 2-8 假山工程施工图（单位：mm）

 任务分配（表 2-19）

表2-19 学生任务分配表

班级		组号		指导老师	
组长		学号			
组员	姓名	学号	分工		

 工作准备

（1）任务分析

① 本任务是根据图纸提供的内容，熟练写出假山工程的项目组成，按照工程

计价规范计算出假山工程造价。

② 要明确造价的组成，理解相互间的计算关系，明确计算过程中的数据来源。

（2）知识准备

假山工程：主要有堆砌石假山和塑假山两种。

（3）假山工程量计算规则

① 堆砌石假山及塑假山未考虑模型制作费。

② 堆砌石假山、钢网钢骨架塑假山，以及布置景石、峰石未包括土方及基础费用。砖骨架塑假山已包括土方、基础垫层、砖骨架的费用。

③ 堆砌石假山及布置景石、峰石工程质量估算可按下述公式：

$$W=L\times B\times H\times R$$

式中，W 为山石单体质量，t；L 为长度方向的平均值，m；B 为宽度方向的平均值，m；H 为高度方向的平均值，m；R 为石料密度：英石 1.5t/m³，黄（杂）石 2.6t/m³，湖石 2.2t/m³。

④ 钢网钢骨架塑假山不包括钢骨架的制作安装。

⑤ 堆砌石假山、塑假山工程的脚手架费用应另行计算。

（4）任务实施

① 步骤：识图—归类—读详图—列项目—计算工程量—套定额—计算分部分项工程费—取费获得总造价。

② 项目案例：在佛山某园林工程中，从广西运来黄蜡石六块共 12t，分别布置在各景点，后为了屏蔽配电箱，以砖为骨架塑了一块高 1.2m、长 0.8m、厚 0.6m 的假山石。进行工程中假山工程量预算。

第一步：收集资料。资料包括：a. 设计图纸；b. 定额，依据《广东省房屋建筑与装饰工程综合定额》（2018）；c. 取费标准，按《园林绿化工程工程量计算规范》（GB 50858—2013）；d. 其他有关文件。

第二步：熟悉工程概况，分析图纸结构。结合定额项目划分，可将工程项目划分为：a. 假山土基，整理基础；b. 碎石垫层；c. 混凝土垫层；d. 堆砌假山。

第三步：根据定额计算规则，计算假山工程量（表 2-20）。

表2-20 假山工程量计算表

序号	分项工程名称	计算式	工程数量	单位
1	布置景石	12	12	t
2	砖骨架塑假山	1.2×(0.8+0.6)×2+0.6×0.8	3.84	m²

第四步：根据预算定额完成假山分部分项工程和单价措施项目综合单价分析表（表 2-21）。

表2-21 分部分项工程和单价措施项目综合单价分析表

项目编号	项目名称	单位	工程数量	人工费/元	材料费/元	机械费/元	管理费/元	综合单价/元	合价/元
050301002001	布置景石	t	12						
A18-46	布置景石 单件质量5t以内	t	12	437.33	375.59	350.19	107.98	1271.09	15253.08
050301003001	砖骨架塑假山	m²	3.84						
A18-40	砖骨架塑假山高度2.5m内	10m²	0.384	719.66	493.1	0	98.67	1311.43	503.589
									15756.67

任务引导

① 假山工程量计算规则见表2-22。

表2-22 假山工程量计算规则

项目编码	项目名称	项目特征	计量单位	工程量计算规则	工作内容
050301001	堆筑土山丘	① 土丘高度 ② 土丘坡度要求 ③ 土丘底外接矩形面积	m³	按设计图示山丘水平投影外接矩形面积乘以高度的1/3，以体积计算	① 取土、运土 ② 堆砌、夯实 ③ 修整
050301002	堆砌石假山	① 堆砌高度 ② 石料种类、单块重量 ③ 混凝土强度等级 ④ 砂浆强度等级、配合比	t	按设计图示尺寸以质量计算	① 选料 ② 起重机搭、拆 ③ 堆砌、修整
050301003	塑假山	① 假山高度 ② 骨架材料种类、规格 ③ 山皮料种类 ④ 混凝土强度等级 ⑤ 砂浆强度等级、配合比 ⑥ 防护材料种类	m²	按设计图示尺寸以展开面积计算	① 骨架制作 ② 假山胎模制作 ③ 塑假山 ④ 山皮料安装 ⑤ 刷防护材料
050301004	石笋	① 石笋高度 ② 石笋材料种类 ③ 砂浆强度等级、配合比	支	① 以块（支、个）计量，按设计图示数量计算 ② 以吨计量，按设计图示石料质量计算	① 选石料 ② 石笋安装
050301005	点风景石	① 石料种类 ② 石料规格、重量 ③ 砂浆配合比	① 块 ② t		① 选石料 ② 起重架搭、拆 ③ 点石

② 根据任务书,计算任务中假山的工程量(表2-23)。

表2-23　假山工程量计算表

序号	分项工程名称	计算式	工程数量	单位

③ 根据任务书,完成分部分项工程和单价措施项目综合单价分析表(表2-24)、分部分项工程和单价措施项目清单与计价表(表2-25)。

表2-24　分部分项工程和单价措施项目综合单价分析表

序号	项目编码	项目名称	计量单位	工程量	金额/元					综合单价/元	合价/元
					人工费	材料费	机械费	管理费	利润		

表2-25　分部分项工程和单价措施项目清单与计价表

序号	项目编码	项目名称	项目特征描述	计量单位	工程量	金额/元	
						综合单价	综合合价
1		假山					
				合价			

笔记

任务 2.4
土方工程工程量清单编制与计价
（视频 11）

 学习目标

① 掌握园林工程基数的概念及计算。
② 掌握土方工程量计算规则。
③ 熟悉土方工程量计算步骤。
④ 掌握土方工程量清单计价方法。

 任务书

根据图纸实际数据及设计说明来完成本工程土方工程预算。本项目为广东某学校实训场的一个水池土方工程，图 2-9 为水池平面图和剖面图，其中土壤类别为三类土。依据《园林绿化工程工程量计算规范》（GB 50858—2013）、《广东省房屋建筑与装饰工程综合定额》（2018），完成水池土方工程量计算表、分部分项工程和单价措施项目综合单价分析表、分部分项工程和单价措施项目清单与计价表。

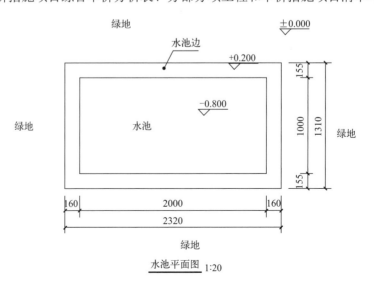

水池平面图 1:20

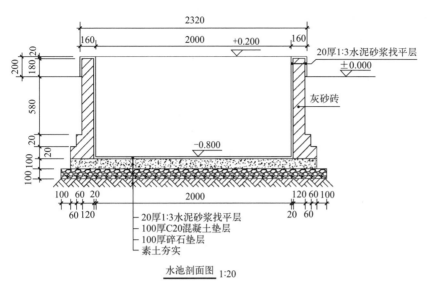

图 2-9 水池工程施工图（单位：mm）

任务分配（表 2-26）

表2-26 学生任务分配表

班级		组号		指导老师	
组长		学号			
组员	姓名	学号	分工		

工作准备

（1）任务分析

① 土方工程为隐蔽工程，首先要确定现场土壤类别，可根据设计说明获得。
② 计算土方工程量过程中，根据图纸信息判断增加工作面情况。

注意，施工中需要增加的工作面，可按以下规定计算：混凝土基础或混凝土基础垫层，需支模板时每边增加工作面30cm，使用卷材或防水砂浆做垂直防潮层时每边增加工作面80cm，毛石砌筑时每边增加工作面15cm，采用砖基础时每边增加工作面20cm。

③ 计算土方工程量过程中，根据图纸信息判断是否需要放坡。

放坡：挖土方、地槽、坑及土方需放坡者，编制预算时可按表2-27规定的放坡起点及放坡系数计算放坡量。

表2-27 放坡起点及放坡系数

土壤类别	放坡深度规定/m	高宽比		
		人工挖土	机械挖土	
			坑内作业	坑上作业
一、二类土	超过1.20	1∶0.5	1∶0.33	1∶0.75
三类土	超过1.50	1∶0.33	1∶0.25	1∶0.67
四类土	超过2.00	1∶0.25	1∶0.10	1∶0.33

（2）知识准备

① 基数相关知识如下。

A. 外墙外边线（$L_{外}$）。外墙外边线是外墙外皮一周的总长度。计算公式：

$$L_{外} = 建筑平面图的外墙外围周长$$

B. 外墙中心线（$L_{中}$）。外墙中心线是外墙厚度中心位置一周的总长度。计算公式：

$$L_{中} = L_{外} - 4 \times 墙厚$$

C. 内墙净长线（$L_{内}$）。内墙净长线是所有相同内墙的总长度。计算公式：

$$L_{内} = 建筑平面图的相同内墙长度之和$$

D. "一面"（S_1）。"一面"是指首层建筑面积。计算公式：

$$S_1 = 建筑物底层勒脚以上外墙外围水平投影面积$$

E. 与"线"有关的计算项目。

外墙中心线——外墙基挖地槽、基础垫层、基础砌筑、墙基防潮层、基础梁、圈梁、墙身砌筑等分项工程。

内墙净长线——内墙基挖地槽、基础垫层、基础砌筑、墙基防潮层、基础梁、圈梁、墙身砌筑、墙身抹灰等分项工程。

外墙外边线——勒脚、腰线、勾缝、外墙抹灰、散水等分项工程。

F. 与"面"有关的计算项目：平整场地、地面、楼面、屋面和天棚等分项工程。

一般工业与民用建筑工程，都可在这3条"线"和1个"面"的基数上，连续计算出它的工程量。也就是把这3条"线"和1个"面"先计算好，作为基数，然后利用这些基数再计算与它们有关的分项工程量。

土方工程项目包括平整场地，挖一般土方，挖沟槽土方，挖基坑土方，冻土开挖，挖淤泥、流砂，管沟土方七个清单项目。土方工程工程量清单计算规范见表2-28。

表2-28 土方工程工程量清单计算规范（项目编码010101）

项目编码	项目名称	项目特征	计量单位	工程量计算规则	工作内容
010101001	平整场地	①土壤类别 ②弃土运距 ③取土运距	m²	按设计图示尺寸以建筑物首层建筑计算	①土方挖填 ②场地找平 ③运输
010101002	挖一般土方	①土壤类别 ②挖土深度	m³	按设计图示尺寸以体积计算	①排地表水 ②土方开挖 ③围护（挡土板）、支撑 ④基底钎探 ⑤运输
010101003	挖沟槽土方			①房屋建筑按设计图示尺寸以基础垫层底面积乘以挖土深度计算 ②构筑物按最大水平投影面积乘以挖土深度（原地面平均标高至坑底高度）以体积计算	
010101004	挖基坑土方				
010101005	冻土开挖	①冻土厚度		按设计图示尺寸开挖面积乘厚度以体积计算	①爆破 ②开挖 ③清理 ④运输
010101006	挖淤泥、流砂	①挖掘深度 ②弃淤泥、流砂距离		按设计图示位置、界限以体积计算	①开挖 ②运输
010101007	管沟土方	①土壤类别 ②管外径 ③挖沟深度 ④回填要求	①m ②m³	①以米计量，按设计图示以管道中心线长度计算 ②以立方米计量，按设计图示管底垫层面积乘以挖土深度计算；无管底垫层按管外径的水平投影面积乘以挖土深度计算	①排地表水 ②土方开挖 ③围护（挡土板）、支撑 ④运输 ⑤回填

② 清单计算规范如下。

A. 平整场地（编码010101001）。平整场地项目适用于建筑场地厚度在 ±300mm 以内的挖、填、运、找平。

注意，当施工组织设计规定超面积平整场地时，超出部分应折算到综合单价内。项目特征与工程内容有着对应关系，土壤的类别不同、弃（取）土运距不同，完成该施工过程的工程价格就不同，因而清单编制人在项目名称栏内对项目特征进行详略得当的描述，对于投标人准确报价是至关重要的。

B. 土方开挖。涉及土方开挖的清单项目共有三个，分别是挖一般土方（010101002）、挖沟槽土方（010101003）、挖基坑土方（010101004）。根据《建设工程工程量清单计价规范》（GB 50500—2013）规定，三个项目的区分为：开挖断面底宽≤7m且开挖断面底长＞3倍开挖断面底宽的为挖沟槽土方；开挖断面底长

任务2.4 土方工程工程量清单编制与计价 045

≤3倍开挖断面底宽且底面积≤150m² 的为挖基坑土方；超出上述范围或建筑物场地厚度＞300mm 的竖向布置挖土或山坡切土为挖一般土方。

C. 挖一般土方项目是指室外地坪标高以上的挖土，并包括指定范围内的土方运输。

a. 工程量计算。挖土方工程量按设计图示尺寸以体积计算，计量单位为 m³。即：

$$V = 挖土平均厚度 \times 挖土平面面积$$

b. 项目特征：描述土壤类别、挖土深度、弃土运距。

c. 工程内容，包含排地表水、土方开挖、围护（挡土板）及拆除、基底钎探、运输。

注意，挖土平均厚度应按自然地面测量标高至设计地坪标高间的平均厚度确定。若地形起伏变化大，不能提供平均厚度，应提供方格网法或断面法施工的设计文件。设计标高以下的填土应按"土石方回填"项目编码列项。土方体积按挖掘前的天然密实体积计算。如需按天然密实体积折算，应乘以表2-29所示对应的土石方体积折算系数。

表2-29 土石方体积折算系数表

天然密实度体积	虚方体积	夯实后体积	松填体积
1.00	1.30	0.87	1.08
0.77	1.00	0.67	0.83
1.15	1.50	1.00	1.25
0.92	1.20	0.80	1.00

③ 土壤分类应按表 2-30 确定。当土壤类别不能准确划分时，招标人可注明为综合，由投标人根据地勘报告决定报价。

表2-30 土壤分类表

土壤分类	土壤名称	开挖方法
一、二类土	粉土、砂土（粉砂、细砂、中砂、粗砂、砾砂）、粉质黏土、弱中盐渍土、软土（淤泥质土、泥炭、泥炭质土）、软塑红黏土、冲填土	用锹，少许用镐、条锄开挖。机械能全部直接铲挖满载者
三类土	黏土、碎石土（圆砾、角砾）混合土、可塑红黏土、硬塑红黏土、强盐渍土、素填土、压实填土	主要用镐、条锄，少许用锹开挖。机械需部分刨松方能铲挖满载者或可直接铲挖但不能满载者
四类土	碎石土（卵石、碎石、漂石、块石）、坚硬红黏土、超盐渍土、杂填土	全部用镐、条锄挖掘，少许用撬棍挖掘。机械须普遍刨松方能铲挖满载者

注：本表中，土的名称及其含义按国家标准《岩土工程勘察规范》（GB 50021—2001）（2009年版）定义。

④ 挖沟槽土方。人工挖沟槽工作内容包括挖土、抛土于槽边 1m 以外自然堆放，沟槽底夯实。挖沟槽工程量按体积以立方米（m³）计算，按挖土类别与挖土深度分别套定额项目。

A. 挖沟槽长度：外墙按图示中心线长度（$L_{中}$）计算；内墙按图 2-10 所示基础底面之间净长线长度计算。

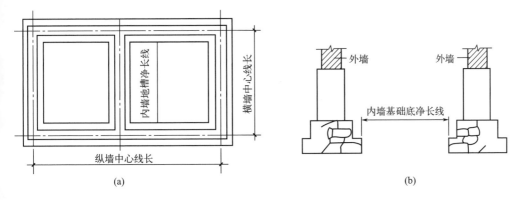

图2-10 内墙地槽净长线示意图

B. 挖沟槽、基坑需支挡土板时，其宽度按图标沟槽、基坑底宽，单面加 10cm，双面加 20cm 计算。支挡土板后，不得再计算放坡。

C. 计算放坡时，在交接处的重复工程量不予扣除，如图 2-11 所示。

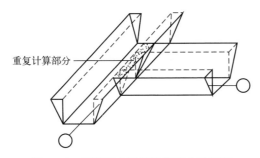

图 2-11 两槽相交重复计算部分示意图

D. 挖沟槽工程量计算公式。放坡系数用 K 表示。沟槽长度用 L 表示。a 为垫层长度，c 为坑底工作面长度，H 为地坑高度，如图 2-12 所示。不放坡，不支挡土板，有工作面，如图 2-12（a）所示：$V=H(a+2c)L$。由垫层底放坡，有工作面，如图 2-12（b）所示：$V=H(a+2c+KH)L$。由垫层表面放坡，有工作面，如图 2-12（c）所示：$V=H(a+2c+KH_1)L+H_2 aL$。支挡土板，有工作面，如图 2-12（d）所示：$V=H(a+0.2m+2c)L$。一面放宽，一面支挡土板，如图 2-12（e）所示：$V=H(a+0.1m+2c+\frac{1}{2}KH)L$。

⑤ 挖基坑土方。工程量计算公式如下。

A. 不放坡，不支挡土板：

矩形： $V=abH$

式中，b 为垫层宽度。

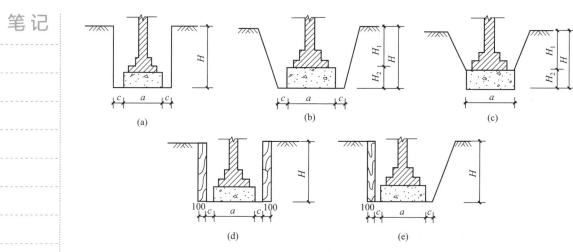

图 2-12 不同类型沟槽示意图

圆形：
$$V = H\pi R$$

式中，R 为圆形半径。

B. 放坡的地坑（图 2-13）体积：

矩形：
$$V = (a+2c+KH)(b+2c+KH)H + \frac{1}{3}K^2H^3$$

或
$$V = \frac{H}{3}[(a+2c)^2 + (a+2c)(a+2c+KH) + (a+2c+KH)^2]$$

若 $c=0$，上口边长等于 A，则
$$V = \frac{H}{3}(a^2 + aA + A^2)$$

或
$$V = \frac{H}{6}[ab + (A+a)(B+b) + AB]$$

式中，A 为上口长；B 为下口宽。

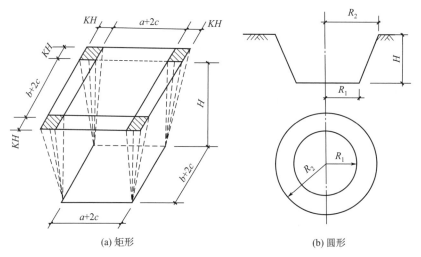

(a) 矩形　　(b) 圆形

图 2-13 地坑

圆形：
$$V = \frac{1}{3}\pi H(R_1^2 + R_2^2 + R_1 R_2)$$

式中，R_1、R_2 如图 2-13（b）所示。

⑥ 挖管沟槽。挖管沟槽，按规定尺寸计算，槽宽无规定者可按表 2-31 计算，沟槽长度不扣除检查井，检查井的凸出管道部分的土方也不增加。

表 2-31 管沟槽宽度

管径 /mm	铸铁管、钢管、石棉水泥管管沟宽度 /m	混凝土管、钢筋混凝土管管沟宽度 /m	缸瓦管管沟宽度 /m	附注
50~75	0.6	0.8	0.7	① 本表沟槽为埋深在 1.5m 以内沟槽，单位为 m ② 当深度在 2m 以内，有支撑时，值应增加 0.1m ③ 当深度在 3m 以内，有支撑时，值应增加 0.2m
100~200	0.7	0.9	0.8	
250~350	0.8	1.0	0.9	
400~450	1.0	1.3	1.1	
500~600	1.3	1.5	1.4	

⑦ 回填土。回填土分松填、夯填两种，工程量以 m³ 为单位计算其体积。回填土的范围有基槽回填、基坑回填、管道沟槽回填和室内地坪回填（房心回填）等。

A. 基槽回填土是将墙基础砌到地面上以后，将基槽填平。填土通常按夯填项目计算，其工程量按挖方体积减去设计室外地坪以下埋设砌筑物（包括基础、基础垫层等）体积计算。计算公式为：

$$V_{槽填} = V_{挖} - V_{埋}$$

式中，$V_{槽填}$ 为基槽回填土体积；$V_{挖}$ 为挖土体积；$V_{埋}$ 为设计室外地坪以下埋设的砌筑量。

B. 基坑回填土。此项目也按夯填计算，计算公式为：

$$V_{坑填} = V_{挖} - V_{埋}$$

式中，$V_{坑填}$ 为基坑回填土体积。

C. 管道沟槽回填土是指埋设地下管道后的填土，一般也按夯填计算。其工程量按挖土体积减去管道所占体积计算。当管道外径小于 0.5m 时，回填土体积就等于挖土体积，管道所占体积可忽略不计；当管道外径超过 0.5m 时，其计算公式为：

$$V_{沟填} = V_{挖} - V_{管}$$

式中，$V_{沟填}$ 为管道沟槽回填土体积；$V_{管}$ 为管道体积。

D. 室内地坪回填土，也称为房心回填土，是指将房屋地面从室外地坪标高提高至室内地坪结构层以下标高所需要的回填土。此项目一般也按夯填项目套算。其工程量按主墙之间的面积乘以回填土厚度计算，计算公式为：

$$V_{室填} = S_{净} \times H_{厚}$$

式中，$V_{室填}$ 为室内回填土体积；$S_{净}$ 为主墙间净面积，$S_{净} = S_1 - L_{中} \times$ 墙厚 $- L_{内} \times$ 墙厚；$H_{厚}$ 为回填土厚度（$H_{厚}$ = 室内外地坪高差 - 垫层、找平层、面层的厚度）。

⑧ 支挡土板。支挡土板是用于不能放坡或淤泥流沙类土方的挖土工程，定额按木、竹、钢等不同材质分别编制定额项目，其工程内容包括制作、运输、安装、拆除挡土板。支挡土板分为密撑和疏撑。密撑是指满支挡土板，即条板相互靠紧，如图2-14（b）所示。疏撑是指间隔支挡土板，即条板之间留有等距或不等距的空隙，如图2-14（a）所示。无论密撑还是疏撑，均按槽、坑垂直支挡面积计算工程量。疏撑间距不论空隙大小，实际间距与定额不同时，一律不作调整。

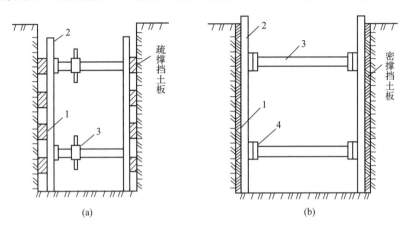

图2-14 支挡土板挖土工程示意图

1—水平挡土板；2—竖枋木；3—撑木；4—木楔

（3）工程实例

某建筑物基础为满堂基础，基础垫层为无筋混凝土，长宽方向的外边线尺寸为8.04m和5.64m，垫层厚20cm，垫层顶面标高为-4.550m，室外地面标高为-0.650m，地下常水位标高为-3.500m，该处土壤类别为三类土，人工挖土，具体见图2-15。完成基础土方工程量计算表、分部分项工程和单价措施项目综合单价分析表、分部分项工程和单价措施项目清单与计价表。

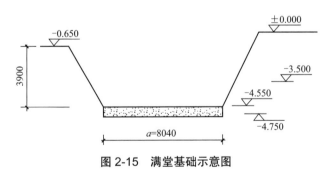

图2-15 满堂基础示意图

① 工程量计算依据：本任务以图纸（见图2-15）、《广东省房屋建筑与装饰工程综合定额》（2018）、《建设工程工程量清单计价规范》（GB 50500—2013）为依据。

② 列出分部分项工程项目名称：根据图纸（见图2-15）和《建设工程工程量清单计价规范》（GB 50500—2013），以及表2-32所示土方工程工程量计算规则，

进行分部分项工程和单价措施项目清单与计价表编制。

表2-32 土方工程（编号：010101）

项目编码	项目名称	项目特征	计量单位	工程量计算规则	工作内容
010101001	平整场地	① 土壤类别 ② 弃土运距 ③ 取土运距	m²	按设计图示尺寸，以建筑物首层建筑面积计算	① 土方挖填 ② 场地找平 ③ 运输
010101002	挖一般土方	① 土壤类别 ② 挖土深度	m²	按设计图示尺寸，以体积计算	① 排地表水 ② 土方开挖 ③ 围护（挡土板）、支撑 ④ 基底钎探 ⑤ 运输
010101003	挖沟槽土方			① 房屋建筑按设计图示尺寸，以基础垫层底面积乘以挖土深度计算	
010101004	挖基坑土方			② 构筑物按最大水平投影面积乘以挖土深度（原地面平均标高至坑底高度），以体积计算	
010101005	冻土开挖	冻土厚度		按设计图示尺寸开挖面积乘以厚度，以体积计算	① 爆破 ② 开挖 ③ 清理 ④ 运输
010101006	挖淤泥、流砂	① 挖掘深度 ② 弃淤泥、流砂距离		按设计图示位置、界限，以体积计算	① 开挖 ② 运输

土方工程量计算步骤：平面图识别，确定长度；剖面图识别，确定宽度及高度；读设计说明，确定土壤类别；读施工组织设计，确定施工方法。具体计算见表2-33。

表2-33 满堂基础工程量计算表

序号	分项工程名称	计算式	工程数量	单位
1	挖湿土量	8.04×5.64×0.2+(8.04+2×0.3+0.33×1.05)×(5.64+2×0.3+0.33×1.05)×1.05+(1/3)×0.33×0.33×1.05×1.05×1.05	71.26020315	m³
2	挖干土量	8.04×5.64×0.2+(8.04+2×0.3+0.33×3.9)×(5.64+2×0.3+0.33×3.9)×3.9+(1/3)×0.33×0.33×3.9×3.9×3.9−71.26	231.3724628	m³

③ 分部分项工程费用概念。

a. 分部分项工程费（直接费）是指工程施工过程中耗费的构成工程实体的各项费用，包括人工费、材料费、施工机械使用费。

b. 措施费是指为完成工程项目施工，发生于该工程施工前和施工过程中非工程实体项目的费用，由施工技术措施费和施工组织措施费组成。

c. 规费是指政府和有关政府行政主管部门规定必须缴纳的费用，如工程排污费、工程定额测定费、社会保障费、住房公积金、危险作业意外伤害保险费。

根据工程量清单计算表及定额，完成分部分项工程和单价措施项目清单与计价表（表2-34）、分部分项工程和单价措施项目综合单价分析表（表2-35）。

表2-34 分部分项工程和单价措施项目清单与计价表

项目编码	项目名称	项目特征描述	计量单位	工程量	金额/元	
					综合单价	综合合价
010101006001	挖淤泥、流砂	①挖掘深度：1.25m ②弃淤泥、流砂距离	m³	71.26	38.9	2772.01
010101002001	挖一般土方	①土壤类别：3类土 ②挖土深度：2.85m	m³	231.37	88.52	20480.87
合价						23252.88

表2-35 分部分项工程和单价措施项目综合单价分析表

序号	项目编码	项目名称	计量单位	工程量	金额/元					综合单价/元
					人工费	材料费	机械费	管理费	利润	
1	010101006001	挖淤泥、流砂	m³	71.26	29.14	0.00	0.00	4.52	5.25	38.9
	A1-1-6		100m³	0.7126	2913.94	0.00		451.66	524.51	38.90
2	010101002001	挖一般土方	m³	231.37	66.31	0.00	0.00	10.28	11.94	88.52
	A1-1-8	人工挖淤泥、流砂	100m³	2.31	6630.79	0.00		1027.77	1193.54	88.52

 任务引导

① 土石方工程有：场地平整、路基开挖、人防工程开挖、地坪填土，路基填筑以及基坑回填。要合理安排施工计划，尽量不要安排在雨季，同时为了降低土石方工程施工费用，贯彻不占或少占农田和可耕地并有利于改地造田的原则，要提出土石方的合理调配方案，统筹安排。分部工程主要内容：挖沟槽、挖基坑、平整场地、挖土方、人工挖孔桩、回填土、运土、支挡土板。

② 平整场地、挖土方、挖沟槽、挖基坑的划分。

凡所挖沟槽底宽在3m以内，且沟槽长大于槽宽三倍的为挖沟槽。凡所挖基坑底面积在20m²以内，且坑底的长与宽之比小于或等于3的为挖基坑。沟槽底宽大于3m，坑底面积大于20m²，平整场地挖土方厚度大于30cm，均按挖土方计算。也可表示为：设长为L，宽为B，若$B \leqslant 3m$，且$L>3B$，则为挖沟槽；若$L/B \leqslant 3$，且$S=L \times B \leqslant 20m^2$，则为挖基坑；若$B>3m$，或$S>20m^2$，则为大开挖土方。

植物保养费用：植物保养子目按成活保养标准考虑，保存保养应乘以相应调整系数，第 4～6 月乘以系数 0.50，第 7～12 月乘以系数 0.25。植物保养子目按 1 个月考虑，工程计价时应乘以相应的保养月数。

③ 平整场地是指室外设计地坪与自然地坪平均厚度在 ±0.3m 以内的就地挖、填、找平。平均厚度在 ±0.3m 以外时执行土方相应定额项目。

④ 清单计价：其工程量按建筑物底面积的外边线每边各增加 2m 计算。围墙的平整场地按中心线每边各增加 1m 以面积计算。

⑤ 根据任务书，计算任务中土方工程的工程量（表 2-36）。

表2-36 土方工程量计算表

序号	分项工程名称	计算式	工程数量	单位

⑥ 请根据任务书，完成分部分项工程和单价措施项目清单与计价表（表 2-37）、分部分项工程和单价措施项目综合单价分析表（表 2-38）。

表2-37 分部分项工程和单价措施项目清单与计价表

序号	项目编码	项目名称	项目特征描述	计量单位	工程量	金额/元	
						综合单价	综合合价
1		挖土方					
2		填土方					
			合价				

表2-38 分部分项工程和单价措施项目综合单价分析表

序号	项目编码	项目名称	计量单位	工程量	金额/元					综合单价/元	合价/元
					人工费	材料费	机械费	管理费	利润		

笔记

任务 2.5
园林景墙工程工程量清单编制与计价
（视频 12、视频 13）

学习目标

① 掌握砌筑景墙的结构要点和工艺流程。
② 熟悉砌筑景墙的施工程序与施工方法。
③ 由砌筑景墙工程预算方法迁移训练其他景墙及景观工程的预算编制。

任务书

某广场景观绿化工程中园林景观工程的内容有砖砌体景墙，请根据图纸（图 2-16），以及《园林绿化工程工程量计算规范》（GB 50858—2013）、《广东省房屋建筑与装饰工程综合定额》（2018），完成景墙工程量计算表、分部分项工程和单价措施项目综合单价分析表和分部分项工程和单价措施项目清单与计价表。

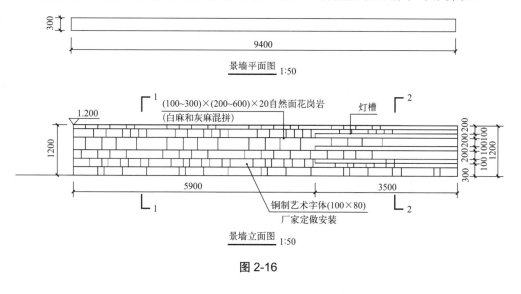

图 2-16

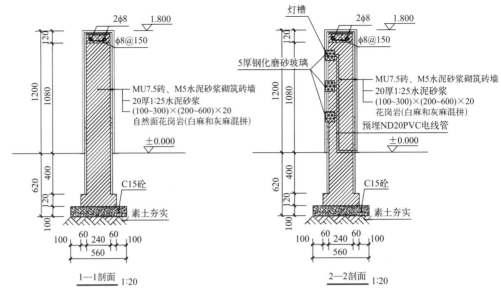

图 2-16 景墙工程施工图（单位：mm）

任务分配（表 2-39）

表2-39 学生任务分配表

班级		组号		指导老师	
组长		学号			
组员	姓名	学号	分工		

工作准备

（1）任务分析

① 本任务是根据图纸提供的内容，熟练写出景墙工程的项目组成，依据《园林绿化工程工程量计算规范》（GB 50858—2013）和施工工艺，进行列项，计算每一项工程量。

② 列项后，依据《园林绿化工程工程量计算规范》（GB 50858—2013）和对应定额进行分部分项工程费计算，从而计算园林砌筑景墙工程造价。

(2) 知识准备

① 砌筑工程：指在建筑工程中使用普通黏土砖、承重黏土空心砖、蒸压灰砂砖、粉煤灰砖、各种中小型砌块和石材等材料进行砌筑的工程。

② 勾缝：指用砂浆将相邻两块砌筑块体材料之间的缝隙填塞饱满，其作用是有效地让上下左右砌筑块体材料之间的连接更为牢固，防止风雨侵入墙体内部，并使墙面清洁、整齐美观。

③ 清水墙：指墙面上不做附着于墙面的面层，其表面就是块材本身的原色。此时砌筑的墙面灰缝一定要整齐，并做勾缝处理。

④ 混水墙：指砌筑完后要整体抹灰的墙，墙体砌筑没有清水墙严格。

⑤ 基础大放脚：多见于砌体墙下条形基础，指为了满足地基承载力的要求，把基础底面做得比墙身宽，呈阶梯形逐级加宽，但同时也必须防止基础的冲切破坏，应满足高宽比的要求。因基础底面比墙身宽，而得名"基础大放脚"。

(3) 砌筑工程工程量计算规则（表2-40、图2-17）

① 定额是按标准砖240mm×115mm×53mm、耐火砖230mm×115mm×65mm规格编制的，砌块是按常用规格编制的，灰缝按10mm考虑厚度。设计规格与定额不同时，砌体材料和砌筑（黏结）材料用量应做调整换算。

表2-40 墙体砖砌体厚度（模数）

模数/标准砖	$\frac{1}{4}$砖	$\frac{1}{2}$砖	1砖	$1\frac{1}{2}$砖	2砖	$2\frac{1}{2}$砖	3砖
厚度/mm	53	115	240	360	490	615	740

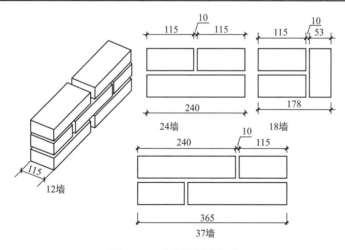

图2-17 砖砌体厚度示意

② 定额所列砌筑砂浆种类和强度等级：设计与定额不同时，应做调整换算。

③ 子目不含钢筋，砌体内的钢筋按"混凝土及钢筋混凝土工程"相应子目另行计算。

④ 砖砌体加浆勾缝时，按相应子目另行计算。

⑤ 砌块墙体需砌嵌标准砖的，仍按子目执行。

⑥ 砖基础与砖墙（身）使用同种材料时，划分应以设计室内地坪为界（有地下室的按地下室室内设计地坪为界），以下为基础，以上为墙（身），见图2-18。基础与墙身使用不同的材料，位于设计室内地坪±300mm以内时以不同材料为界，见图2-19；超过±300mm时，应以设计室内地坪为界，见图2-20；砖（围）墙应以设计室外地坪（围墙以内地面）为界，以下为基础，以上为墙身。

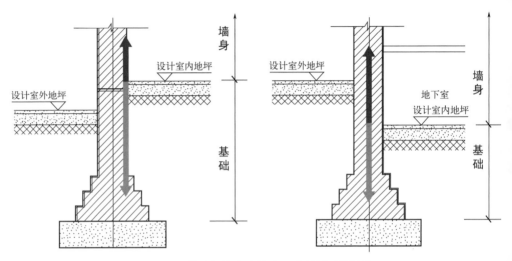

图2-18　基础与墙身在使用同种材料时的划分

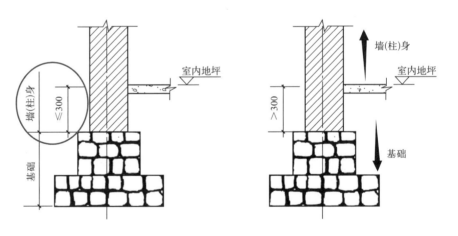

图2-19　基础与墙身在使用不同的材料，位于设计室内地坪±300mm以内时的划分　　图2-20　基础与墙身在使用不同的材料，超过±300mm时的划分

⑦ 砌筑圆弧形基础和墙（含砖石混合砌体），除有对应圆弧形子目外，套相应基础和墙子目乘以系数1.10。

⑧ 砖砌挡土墙，2砖以上按砖基础子目计算，2砖以下按砖墙子目计算。

⑨ 砖砌胎模套用砖基础子目计算。砖砌胎模高度超过1.2m时，按砖基础子目的人工费乘以系数1.10计算。

⑩ 砖砌围墙按外墙子目计算。

⑪ 砖基础工程量，按设计图示尺寸以"m³"计算。基础大放脚 T 型接头处重叠部分和嵌入基础的钢筋、铁件、管径在 600mm 以内的管道、基础防潮层的体积，以及单个面积在 0.3m² 以内的孔洞所占体积不予扣除，但墙垛基础大放脚凸出部分也不增加。

基础长度：外墙墙基按外墙中心线长度计算；内墙墙基按内墙净长度计算。

⑫ 砖墙工程量，按设计图示尺寸以"m³"计算。扣除门窗洞口、过人洞、空圈及嵌入墙内的钢筋混凝土柱、梁、圈梁、挑梁、过梁及凹进墙内的壁龛、管槽、暖气槽、消火栓箱所占体积。不扣除梁头、板头、砖璇、砖过梁、檩头、垫木、木楞头、沿缘木、木砖、门窗走头及砖墙内用于加固的钢筋、木筋、铁件、钢管及单个面积在 0.3m² 以内的孔洞所占体积。凸出墙面的窗台线、窗楣线、虎头砖、门窗套，以及三皮砖以内的腰线、压顶线、挑檐的体积亦不增加；凸出墙面的砖垛以及三皮砖以上的腰线、压顶线、挑檐的体积并入墙身工程量内计算。

⑬ 砖柱工程量，按设计图示尺寸以"m³"计算，扣除混凝土及钢筋混凝土梁垫、梁头、板头所占体积。

（4）任务实施

① 步骤：识图—归类—读详图—列项目—计算工程量—套定额—计算分部分项工程费—取费获得总造价。

② 项目案例：某广场景观绿化工程中的园林景观工程内容有砖砌体景墙，请根据图纸（图 2-21），以及《园林绿化工程工程量计算规范》(GB 50858—2013)、《广东省房屋建筑与装饰工程综合定额》(2018)，完成景墙工程量计算表、分部分项

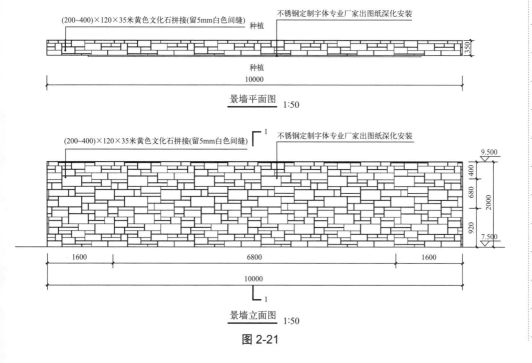

图 2-21

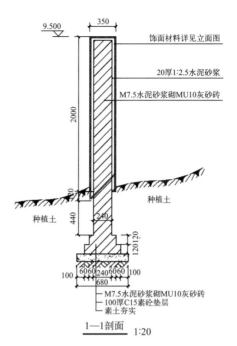

图 2-21 景墙工程施工图（单位：mm）

工程和单价措施项目综合单价分析表、分部分项工程和单价措施项目清单与计价表。

第一步：收集资料。资料包括：①设计图纸；②定额；③取费标准；④其他有关文件。

第二步：熟悉工程概况，分析图纸结构，结合定额项目划分，编制园林景墙工程量清单（表2-41）。

表2-41 景墙工程工程量清单

序号	项目编码	项目名称	项目特征	单位
1	050307010001	景墙主体	① 垫层材料种类：C15 ② 基础材料种类、规格：灰砂砖，MU10 ③ 墙体材料种类、规格：灰砂砖，MU10 ④ 墙体厚度：240mm	m
2	020102004001	景墙装饰面	景墙贴面材料：文化石	m²

第三步：列项。注意，所列出工程量清单计量表应不漏项、不重复，根据景墙剖面图及施工顺序对景墙计量项目进行列项（表2-42）。

第四步：计算景墙工程量（表2-43）。注意：对应工程量清单计量表及平面、立面、剖面图图纸进行计量，墙身与基础进行划分。

第五步：根据预算定额计算景墙工程，完成分部分项工程和单价措施项目综合单价分析表（表2-44）、分部分项工程和单价措施项目清单与计价表（表2-45）。

表2-42 景墙工程计量清单

项目编码	项目名称	项目特征	单位
050307010001	景墙主体	①垫层材料种类：C15 ②基础材料种类、规格：灰砂砖，MU10 ③墙体材料种类、规格：灰砂砖，MU10 ④墙体厚度：240mm	m
	素土夯实		m^2
	混凝土垫层	100mm厚，C15	m^3
	砖基础	灰砂砖，MU10 墙体厚度：240mm	m^3
	墙身	灰砂砖，MU10 墙体厚度：240mm	m^3
020102004001	景墙装饰面	景墙贴面材料：文化石	m^2
	文化石	以面积计量	m^2

表2-43 景墙工程量计算表

项目编码	项目名称	项目特征	单位	工程量计算式	工程量
050307010001	景墙	①垫层材料种类：C15 ②基础材料种类、规格：灰砂砖，MU10 ③墙体材料种类、规格：灰砂砖，MU10 ④墙体厚度：240mm	m		10
	素土夯实		m^2	(0.68+0.3×2)×10	12.8
	混凝土垫层	100mm厚，C15	m^3	0.1×0.68×10	0.68
	砖基础	灰砂砖，MU10 墙体厚度：240mm	m^3	[(0.12+0.44+0.24)×0.24+0.12×0.06×6]×10	2.352
	墙身	灰砂砖，MU10 墙体厚度：240mm	m^3	0.24×(2−0.055)×10	4.668
020102004001	景墙装饰面	角景贴面分块尺寸：文化石	m^2		
	文化石	以面积计量	m^2	0.35×10+10×2×2+0.35×2	44.2

任务2.5 园林景墙工程工程量清单编制与计价

表2-44 分部分项工程和单价措施项目综合单价分析表

序号	项目编码	项目名称	计量单位	工程量	人工费	材料费	机械费	管理费	利润	综合单价/元	合价/元
1	050307010001	景墙	m	10.00	131.39	119.39	0.21	20.47	23.69	295.15	2951.46
	A1-1-3	素土夯实（夯实机夯实）	100m²	0.13	134.95		16.34	23.45	27.23	201.97	25.85
	A1-5-78	C15混凝土垫层	10m³	0.07	578.36	7.88		166.28	104.10	856.62	58.25
	A1-4-1	砖基础	10m³	0.24	1555.22	1651.56		235.46	279.94	3722.18	875.46
	A1-4-6	混水砖外墙墙体厚度1砖墙	10m³	0.47	1909.83	1724.39		289.15	343.77	4267.14	1991.90
2	020102004001	景墙装饰面	m²	44.20	62.81	38.19	0.00	9.74	11.31	122.05	5394.64
	A1-13-143	镶贴文化石（平贴）	100m²	0.44	6281.43	3819.36	0.00	973.62	1130.66	12205.07	5394.64

表2-45 分部分项工程和单价措施项目清单与计价表

序号	项目编码	项目名称	项目特征描述	计量单位	工程量	金额/元	
						综合单价	综合合价
1	050307010001	景墙	①垫层材料种类：C15 ②基础材料种类、规格：灰砂砖，MU10 ③墙体材料种类、规格：灰砂砖，MU10 ④墙体厚度：240mm	m	10	295.15	2951.46
2	020102004001	景墙装饰面	以面积计量	m²	44.2	122.05	5394.64
		合计					8346.10

 任务引导

① 景墙工程量计算规则见表2-46。

表2-46 景墙工程量计算规则

项目编码	项目名称	项目特征	计量单位	工程量计算规则	工作内容
050307010	景墙	① 土质类别 ② 垫层材料种类 ③ 基础材料种类、规格 ④ 墙体材料种类、规格 ⑤ 墙体厚度 ⑥ 混凝土、砂浆强度等级、配合比 ⑦ 饰面材料种类	① m³ ② 段	① 以立方米计量,按设计图示尺寸以体积计算 ② 以段计量,按设计图示尺寸以数量计算	① 土(石)方外运 ② 垫层基础铺设 ③ 墙体砌筑 ④ 面层铺贴
050307011	景窗	① 景窗材料品种、规格 ② 混凝土强度等级 ③ 砂浆强度等级、配合比 ④ 涂刷材料品种	m²	按设计图示尺寸以面积计算	① 制作 ② 运输 ③ 砌筑安放 ④ 勾缝 ⑤ 表面涂刷
050307012	花饰	① 花饰材料品种、规格 ② 砂浆配合比 ③ 涂刷材料品种	m²	按设计图示尺寸以面积计算	① 制作 ② 运输 ③ 砌筑安放 ④ 勾缝 ⑤ 表面涂刷
050307013	博古架	① 博古架材料品种、规格 ② 混凝土强度等级 ③ 砂浆配合比 ④ 涂刷材料品种	① m ② m² ③ 个	① 以平方米计量,按设计图示尺寸以面积计算 ② 以米计量,按设计图示尺寸以延长米计算 ③ 以个计量,按设计图示数量计算	① 制作 ② 运输 ③ 砌筑安放 ④ 勾缝 ⑤ 表面涂刷
050307014	花盆(坛、箱)	① 花盆(坛)的材质及类型 ② 规格尺寸 ③ 混凝土强度等级 ④ 砂浆配合比	个	按设计图示尺寸以数量计算	① 制作 ② 运输 ③ 安放
050307015	摆花	① 花盆(钵)的材质及类型 ② 花卉品种与规格	① m² ② 个	① 以平方米计量,按设计图示尺寸以水平投影面积计算 ② 以个计量,按设计图示数量计算	① 搬运 ② 安放 ③ 养护 ④ 撤收

② 根据任务书,计算任务中景墙的工程量(表2-47)。

表2-47 景墙工程量计算表

序号	分项工程名称	计算式	工程数量	单位

③ 请根据任务书，完成景墙分部分项工程和单价措施项目清单与计价表（表2-48）、分部分项工程和单价措施项目综合单价分析表（表2-49）。

表2-48 分部分项工程和单价措施项目清单与计价表

序号	项目编码	项目名称	项目特征描述	计量单位	工程量	金额/元	
						综合单价	综合合价
		合价					

表2-49 分部分项工程和单价措施项目综合单价分析表

序号	项目编码	项目名称	计量单位	工程量	金额/元					综合单价/元	合价/元
					人工费	材料费	机械费	管理费	利润		

任务 2.6
钢筋工程工程量清单编制与计价
（视频 14）

 学习目标

① 根据园林景观工程施工工艺流程，能熟练进行招标项目中钢筋工程计量。

② 按照钢筋工程定额项目的组成，将工程项目与定额内容相匹配，能正确套用预算定额，完成工程直接费计算表。

③ 明确钢筋工程造价的组成，会运用各种费用的计算方法。会根据直接费计算表，按照工程造价计算顺序计算钢筋工程造价。

 任务书

某广场景观绿化工程中园林景观工程内容有钢筋工程，景墙二的长为 9.4m，宽为 0.3m，高为 1.2m，具体钢筋分布信息见详图（图 2-22）。依据《园林绿化工程工程量计算规范》（GB 50858—2013）、《广东省房屋建筑与装饰工程综合定额》

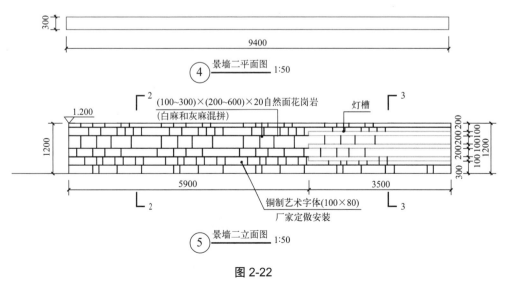

图 2-22

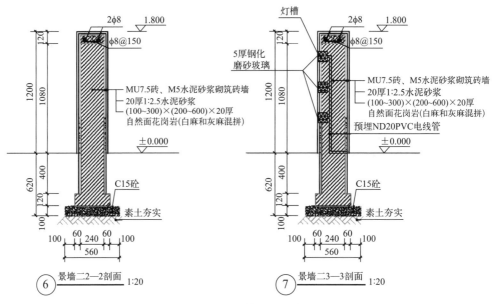

图 2-22 钢筋工程结构图

(2018),完成钢筋工程量计算表、分部分项工程和单价措施项目综合单价分析表、分部分项工程和单价措施项目清单与计价表。

任务分配(表 2-50)

表2-50 学生任务分配表

班级		组号		指导老师	
组长		学号			
组员	姓名	学号	分工		

工作准备

(1)任务分析

① 钢筋作为园林景观小品的骨架,发挥着重要支撑作用,是园林景观工程重要组成材料。钢筋工程量计算需要考虑到钢筋的种类、规格等,因此在计算工程量时,首先必须了解钢筋的类型及规格等基本参数。

② 其次要掌握钢筋工程工程量计算、定额计价规则。根据要求完成钢筋工

量及分部分项工程预算。

（2）知识准备

① 钢筋的混凝土保护层。为防止钢筋锈蚀，在钢筋周围应留有混凝土保护层。保护层指钢筋外表面至混凝土外表面的距离。在计算钢筋长度时，应按构件长度减去钢筋保护层厚度。受力钢筋的混凝土保护层，应符合设计要求；当设计无具体要求时，不应小于受力钢筋直径。表2-51为钢筋混凝土保护层厚度的简易计算表。

表2-51 钢筋混凝土保护层厚度

钢筋种类	构件名称		保护层厚度/mm
受力筋	墙、板	厚度≤100mm	10
		厚度＞100mm	15
	梁、柱和一般构件		25
	基础	有垫层	35
		无垫层	70
分布筋	墙、板		10
箍筋	梁、板		15

② 混凝土构件中钢筋的形式：

A. 通长钢筋，也称直钢筋，是两端无弯钩又不弯起的钢筋。螺纹钢筋通常不计算弯钩。

B. 带弯钩钢筋，指端部带弯钩的钢筋。弯钩通常分为半圆弯钩、斜弯钩和直弯钩3种类型。

C. 弯起钢筋，主要用于梁、板支座附近的负弯矩区域。梁中弯起钢筋的弯起角 α 一般为45°，当梁高度＞800mm时 α 宜采用60°；板中弯起钢筋的弯起角一般≤30°。

D. 箍筋，用来固定钢筋位置，是钢筋骨架成型不可缺少的一种钢筋，常用于钢筋混凝土梁、柱中。箍筋的直径较小，常取 $\phi 4mm$ 到 $\phi 10mm$。

钢筋形式如图2-23所示。

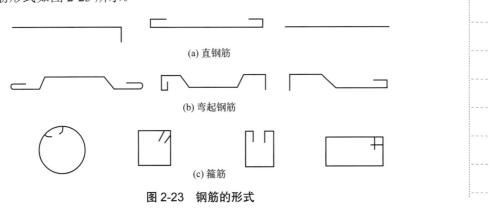

(a) 直钢筋

(b) 弯起钢筋

(c) 箍筋

图2-23 钢筋的形式

③ 钢筋弯钩的形式及增加长度。钢筋的弯钩形式有 3 种：半圆弯钩、直弯钩及斜弯钩。半圆弯钩是最常用的一种弯钩；直弯钩只用在柱钢筋的下部、箍筋和附加钢筋中；斜弯钩只用在直径较小的钢筋中，如图 2-24 所示。

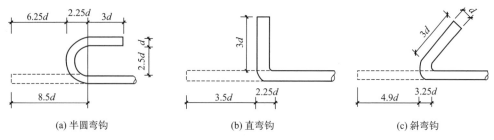

图 2-24　钢筋的弯钩形式

根据规范要求，绑扎骨架中的受力钢筋，应在末端做弯钩。Ⅰ 级钢筋末端做 180° 弯钩，其圆弧弯曲直径不应小于钢筋直径的 2.5 倍，平直部分长度不宜小于钢筋直径的 3 倍；Ⅱ、Ⅲ 级钢筋末端需做 90° 或 135° 弯折时，Ⅱ 级钢筋的弯曲直径不宜小于钢筋直径的 4 倍，Ⅲ 级钢筋的弯曲直径不宜小于钢筋直径的 5 倍。钢筋弯钩增加长度见表 2-52。

表2-52　钢筋弯钩增加长度

弯钩角度		180°	90°	135°
增加长度	Ⅰ级钢筋	6.25d	3.5d	4.9d
	Ⅱ级钢筋	—	$x+0.9d$	$x+2.9d$
	Ⅲ级钢筋	—	$x+1.2d$	$x+3.6d$

注：表中 x 为Ⅱ、Ⅲ级钢筋弯钩末端直线段长。d 为钢筋直径。

④ 弯起钢筋的增加长度。弯起钢筋的弯起角度，一般有 30°、45°、60° 三种，其弯起增加值是指斜长与水平投影长度之间的差值。弯起钢筋斜长及增加长度计算方法见表 2-53。

表2-53　弯起钢筋斜长及增加长度计算表

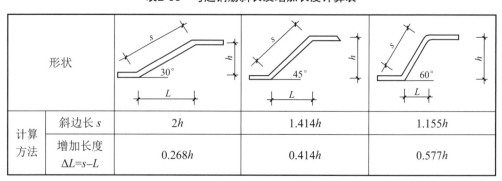

计算方法	斜边长 s	2h	1.414h	1.155h
	增加长度 $\Delta L=s-L$	0.268h	0.414h	0.577h

⑤ 钢筋的工程量。钢筋工程量是以钢筋设计长度乘以单位质量，以吨计算。钢筋的单位质量均以理论质量计算，各种规格钢筋的理论质量可查表 2-54。

表2-54 钢筋型号、理论质量

直径/mm	圆钢筋		螺纹钢筋	
	截面/cm²	理论质量/(kg·m⁻¹)	截面/cm²	理论质量/(kg·m⁻¹)
5	0.916	0.154		
6	0.283	0.222		
8	0.503	0.395		
10	0.785	0.617	0.785	0.62
12	1.131	0.888	1.131	0.89
14	1.539	1.21	1.54	1.21
16	2.011	1.58	2.0	1.58
18	2.545	2.00	2.54	2.00
20	3.142	2.47	3.14	2.47
22	3.801	2.98	3.80	2.98
25	4.909	3.85	4.91	3.85
28	6.158	4.83	6.16	4.83
30	7.069	5.55		
32	8.042	6.31	8.04	6.31

⑥ 钢筋用量计算的基本步骤。钢筋混凝土构件中的钢筋是由若干不同品种、不同规格、不同形状的单根钢筋所组成,因此,计算一个单位工程的钢筋总用量时,应首先按不同构件,计算其中不同品种、不同规格的每一根钢筋的用量,然后按规格、品种分类汇总求得单位工程钢筋总用量。

钢筋长度的计算公式为:

钢筋全长 = 构件外形长 −2 倍保护层厚度 + 弯起筋增加长度 + 弯钩长度

各种形式钢筋长度的计算公式见表 2-55。

A. 通长钢筋长度计算:

$$l = L - 2a$$

式中,l 为钢筋全长;L 为构件的结构长度;a 为保护层厚度。

表2-55 钢筋理论长度计算公式

钢筋名称	钢筋简图	理论长度计算公式
直钢筋		构件长 − 两端保护层厚
180°弯钩钢筋		构件长 − 两端保护层厚 +2 个弯钩长
板中弯起钢筋		构件长 − 两端保护层厚 +2×0.268×(板厚 − 上下保护层厚)+2 个弯钩长
		构件长 − 两端保护层厚 +0.268×(板厚 − 上下保护层厚)+2 个弯钩长

续表

钢筋名称	钢筋简图	理论长度计算公式
板中弯起钢筋	30°	构件长－两端保护层厚＋0.268×（板厚－上下保护层厚）＋（板厚－上下保护层厚）＋1个弯钩长
	30°	构件长－两端保护层厚＋2×0.268×（板厚－上下保护层厚）＋2×（板厚－上下保护层厚）
	30°	构件长－两端保护层厚＋0.268×（板厚－上下保护层厚）＋（板厚－上下保护层厚）
		构件长－两端保护层厚＋2×（板厚－上下保护层厚）
梁中弯起钢筋	45°	构件长－两端保护层厚＋2×0.414×（梁高－上下保护层厚）＋2个弯钩长
	45°	构件长－两端保护层厚＋2×0.414×（梁高－上下保护层厚）＋2×（梁高－上下保护层厚）＋2个弯钩长
	45°	构件长－两端保护层厚＋2×0.414×（梁高－上下保护层厚）＋2×（梁高－上下保护层厚）＋2个弯钩长
	45°	构件长－两端保护层厚＋0.414×（梁高－上下保护层厚）＋2个弯钩长

B. 带弯钩钢筋长度计算：

$$l = L - 2a + 2 \text{个弯钩长}$$

C. 弯起钢筋的长度：

$$l = L - 2a + 2\Delta L + 2 \text{个弯钩长}$$

式中，ΔL 为弯起部分增加长度。

D. 箍筋的长度计算。箍筋常见形式有方形双箍、矩形双箍、三角箍和 S 箍等。箍筋长度计算的一般公式：

$$l = \text{构件截面周长} - 8a + 2\Delta L$$

式中，l 为箍筋全长；a 为保护层厚度；ΔL 为箍筋弯钩增加长度。

根据箍筋配置形式不同，可分以下情况计算其长度：

a. 矩形单箍 [图 2-25（a）]：

$$l = \text{构件截面周长} - 8a + 2\Delta L$$

b. 方形双箍 [图 2-25（b）]。由图 2-25（b）可知，套箍与方形箍呈 45°放置，其计算长度为方箍和套箍长度之和，即：

$$l = l_1 （外箍长）+ l_2 （内箍长）$$

式中，$l_1 = (B - 2a) \times 4 + 2\Delta L$；$l_2 = \left[(B - 2a) \times \dfrac{\sqrt{2}}{2}\right] \times 4 + 2\Delta L$。

c. 矩形双箍 [图 2-25（c）]：

$$l = 2 \times l_1$$

式中，$l_1 = (H-2a) \times 2 + (B-2a+B) + 2\Delta L$。

d. 三角箍 [图 2-25（d）]：

$$l = (B-2a) + \sqrt{4(H-2a)^2 + (H-2a)^2} + 2\Delta L$$

e. S 箍（拉条）[图 2-25（e）]：

$$l = h - 2a + 2\Delta L$$

f. 螺旋箍 [图 2-25（f）]：

$$l = N\sqrt{P^2 + (D-2a)^2\pi^2} + 2\Delta L$$

式中，P 为螺距；N 为螺旋圈数，$N=L/P$，其中 L 为构件长；D 为构件直径。

E. 箍筋根数的计算。箍筋根数与钢筋混凝土构件的长度有关。

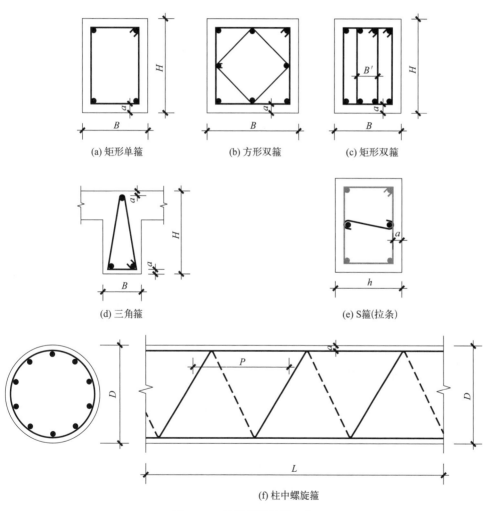

(a) 矩形单箍　　(b) 方形双箍　　(c) 矩形双箍

(d) 三角箍　　(e) S 箍（拉条）

(f) 柱中螺旋箍

图 2-25　几种常见箍筋示意

B—宽；H—高；a—保护层厚度；B'—内箍筋宽度；D—直径；L—长度；h—钢筋间距；P—螺距

两端均设箍筋： $$n=\frac{p}{c}+1$$

式中，n 为箍筋根数；p 为箍筋配置范围长度；c 为箍筋间距。

只有一端设箍筋： $$n=\frac{p}{c}$$

两端均不设箍筋： $$n=\frac{p}{c}-1$$

在实际工作中，为简化计算，箍筋长度一般有两种计算方法：

第一种方法是箍筋的两端各为半圆弯钩，即每端各增加 8.25d（也有取 6.25d）；

第二种方法是对于箍筋直径 10mm 以下的，按钢筋混凝土构件断面周长计算，不减构件保护层厚度，不加弯钩长度，公式为箍筋长度 = 构件断面周长；箍筋直径在 10mm 以下时，计算公式为箍筋长度 = 构件断面周长 +25mm。

 任务引导

① 在混凝土及钢筋混凝土工程中，管理费的计算费率为 28.75%，计费基数为人工费与机具费之和；利润的费率为 20%，计费基数为人工费与机具费之和。

② 钢筋工程的分部分项工程和单价措施项目综合单价分析表如表 2-56 所示。

表2-56　分部分项工程和单价措施项目综合单价分析表

序号	项目编码	项目名称	计量单位	工程量	金额/元					综合单价/元
					人工费	材料费	机械费	管理费	利润	
1	010515001001	现浇构件钢筋	项	1	16.82	61.57	0.76	1.45	3.52	84.12
	E1-2-6	现浇构件圆钢 ϕ10 以内	t	0.0074	710.25	3692.19	28.66	61.08	147.78	4639.96
	E1-3-9×3	现浇构件箍筋圆钢 ϕ10 以内	t	0.00928	1246.10	3690.30	59.43	107.91	261.11	5364.85

 任务实施

（1）工程量计算依据

以图纸（图 2-25）、《广东省房屋建筑与装饰工程综合定额》（2018）、《建设工程工程量清单计价规范》（GB 50500—2013）为依据。

（2）列出分部分项工程项目名称

根据图纸（图 2-25）和《建设工程工程量清单计价规范》（GB 50500—2013），

进行分部分项工程和单价措施项目清单与计价表编制。其中项目编码查阅表2-57。

表2-57 分部分项工程项目编码、名称、特征、计量单位、工程量计算规则、工作内容

项目编码	项目名称	项目特征	计量单位	工程量计算规则	工作内容
010515001	现浇构件钢筋	钢筋种类、规格	t	按设计图示钢筋（网）长度（面积）乘单位理论质量计算	①钢筋制作、运输 ②钢筋安装 ③焊接
010515002	钢筋网片				①钢筋制作、运输 ②钢筋安装 ③焊接
010515003	钢筋笼				①钢筋制作、运输 ②钢筋安装 ③焊接

（3）列出工程量计算式（表2-58）

表2-58 钢筋工程工程量计算表

序号	项目名称	规格直径/mm	工程量计算	数量	单位	合计
1	直筋	8	0.395×(9.4−0.015×2)×2	2	kg	7.40
2	箍筋	8	0.395×(0.3−0.015×2+2×6.25×0.008)×[(9.4−0.015×2)/0.15+1]	63	kg	9.28

注：计算式中 0.395 为 $\phi 8$ 圆钢筋的理论质量，表示每 1m 长的 $\phi 8$ 圆钢筋，它的质量为 0.395kg；0.015 为钢筋保护层厚度，单位为 m。

笔记

项目 3
运用预算软件编制园林工程预算书

（视频 15）

项目概述

园林工程不同于其他民用建筑工程，具有一定的艺术性。由于每项工程各具特色，风格不同，工艺要求也不同。整体特征为项目零星、地点分散、工程体量小、工作面大、种类繁多等，因此使用软件对工程项目进行精细划分至关重要。使用软件进行工程量清单编制及计价需根据园林工程施工图获取对应的相关信息，以便获得合理的工程造价，保证工程质量。

园林工程预算是在施工设计图的基础上，依据最新规范和定额，根据不同的园林产品特点，确定分部分项工程的消耗指标，再结合实际情况（当地政策、施工条件、工程环境等）并按相关规定，运用软件计算，从而有效地控制工程投资而编制的预算。

视频 15

技能要求

① 能运用预算软件进行园林工程施工图预算。
② 能运用工程量清单计价方式进行园林工程投标报价。

知识要求

① 熟悉园林工程预算编制依据和原则。
② 掌握编制园林工程量清单的依据和原则。
③ 掌握园林工程量清单计价的程序和内容。

思政要求

① 运用预算软件编制工程预算，培养与时俱进的学习态度。
② 通过园林工程施工图预算编制训练，培养客观严谨的态度和诚实守信的品德。

学习目标

① 通过本项目的学习,能理解园林工程预算软件的核心内容、软件的工作原理。

② 在使用软件的过程中掌握园林工程量清单计价的概念。

③ 通过园林工程施工图预算编制实训,培养客观严谨的态度和诚实守信的品德。

④ 通过真实园林工程施工图预算编制训练,学会由浅入深、坚持不懈,培养做人、做事的责任心。

 任务书

某园林景观工程施工图包括绿化种植、园路、假山、景墙、围墙等工程。要求根据图纸(见附录A)、《园林绿化工程工程量计算规范》(GB 50858—2013)、《建设工程工程量清单计价规范》(GB 50500—2013)、《广东省房屋建筑与装饰工程综合定额》(2018)和《广东省园林绿化工程综合定额》(2018),使用广联达软件编制某园林景观工程施工图预算书。

(1) 工程概况

本工程为某园林景观工程。一期总用地面积 34520m^2,其中可建设用地面积 34520m^2。本次施工图景观设计范围主要为红线内区域,景观用地面积约 25445m^2,其中园路及铺装场地面积 15127m^2,绿化面积 10318m^2。

(2) 其他说明(预算书包含的范围和未计入造价的部分)

① 单位工程总价表。税率为9%。

② 措施项目费汇总表。报表中未发生项目应予以删除。

③ 其他项目费汇总表。预留金(暂列金额)为10000元。不产生零星工作费(计日工)。

④ 规费计算表。可上网查找本地区相应的规定。

⑤ 人工材料机械价差不做调整。

⑥ 综合工日单价调整为400元/工日,机械、材料价格可参考本文件提供的苗木指导价,并结合各地区造价部门公布的价格表和市场信息进行调整。

⑦ 苗木指导价:

盆架子编制1300元/株;香樟A编制2800元/株;香樟B编制2000元/株;木棉A编制4500元/株;木棉B编制2800元/株;细叶榕A编制4500元/株;细叶榕B编制520元/株;芒果编制1100元/株;鸡冠刺桐编制230元/株;细叶

榄仁编制 500 元 / 株；红花紫荆编制 360 元 / 株；白玉兰编制 250 元 / 株；大叶紫薇编制 180 元 / 株；秋枫 A 编制 3500 元 / 株；秋枫 B 编制 8900 元 / 株；造型层榕编制 550 元 / 株；细叶紫薇编制 90 元 / 株；鸡蛋花（黄花）编制 900 元 / 丛；红果仔编制 40 元 / 丛；红花檵木编制 135 元 / 丛；大红花编制 55 元 / 丛；非洲灰莉编制 88 元 / 丛；含笑编制 44 元 / 丛；大叶龙船花编制 3.5 元 / 袋；花叶鹅掌柴编制 10 元 / 袋；红花檵木编制 5.6 元 / 袋；希美利编制 2.8 元 / 袋；黄金叶编制 2 元 / 袋；长春花编制 3.6 元 / 盆；花叶良姜编制 7.9 元 / 袋；蜘蛛兰编制 6 元 / 袋；簕杜鹃编制 3.2 元 / 袋；花叶假连翘编制 1.4 元 / 袋；紫花马樱丹编制 1.2 元 / 袋；银边沿阶草编制 3 元 / 袋；福建茶编制 1.4 元 / 袋；大红花编制 1.4 元 / 袋；满地黄金（散装）编制 2.52 元 /m²；台湾草编制 5.1 元 /m²。

（3）根据上述要求完成以下任务

① 编制单位工程预算表。
② 编制分部分项工程预算表。
③ 编制分部分项工程预算分析表。
④ 编制主材表。
⑤ 编制工程造价汇总表。

任务分配（表 3-1）

表3-1 学生任务分配表

班级		组号		指导老师	
组长		学号			
组员	姓名	学号	分工		

工作准备

（1）任务分析

① 根据施工图进行项目划分并列项，使用清单计价方式。
② 本任务要求清单计价，正确计算工程量及使用预算定额计价，依据当地市场价格信息，调整人材机价差和主材费。

③ 根据当地制定的费用定额及相关规定，计算工程直接费、利润、税金等费用，最后汇总形成单位工程费用表。

（2）广联达GCCP5.0套价软件应用详细介绍

① 初始设置

左键双击广联达云计价平台GCCP5.0图标 打开"登录"界面，填写账号与密码，可登录平台，或直接离线使用。进入"最近文件"界面，如图3-1所示。

图3-1 "最近文件"界面

点击"新建招投标项目"，进入"新建工程"界面，选择"清单计价"，点击"新建招标项目"，进入"新建招标项目"界面，进行"项目名称"填写等修改，如图3-2、图3-3、图3-4所示。

图3-2 点击"新建招投标项目"

图 3-3 "新建工程"界面

图 3-4 "新建招标项目"界面

点击"下一步",进入广联达云计价平台 GCCP5.0,鼠标移至"新建单项工程",点击鼠标右键,选择"新建单项工程",如图 3-5 所示。

项目3 运用预算软件编制园林工程预算书

图 3-5 新建单项工程

弹出"新建单项工程"界面,填写单项名称,检查清单库等,如图 3-6、图 3-7 所示。

图 3-6 填写单项名称等

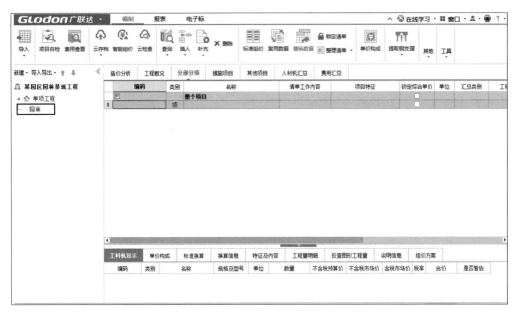

图 3-7　新建工程

② 分部分项计算：点击清单，选择"查询"，如图 3-8 所示，在弹出的"查询"窗口中选择"绿地整理"定额，点击"插入"，如图 3-9 所示。

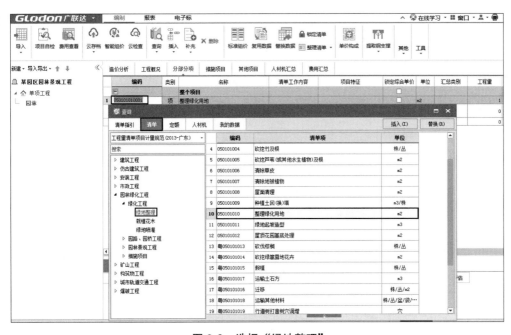

图 3-8　选择"绿地整理"

点击"整理清单"，选择"整理工作内容"，如图 3-10 所示；在弹出的"整理工作内容"窗口中选"只显示组价工作内容"，如图 3-11 所示，点击确定。

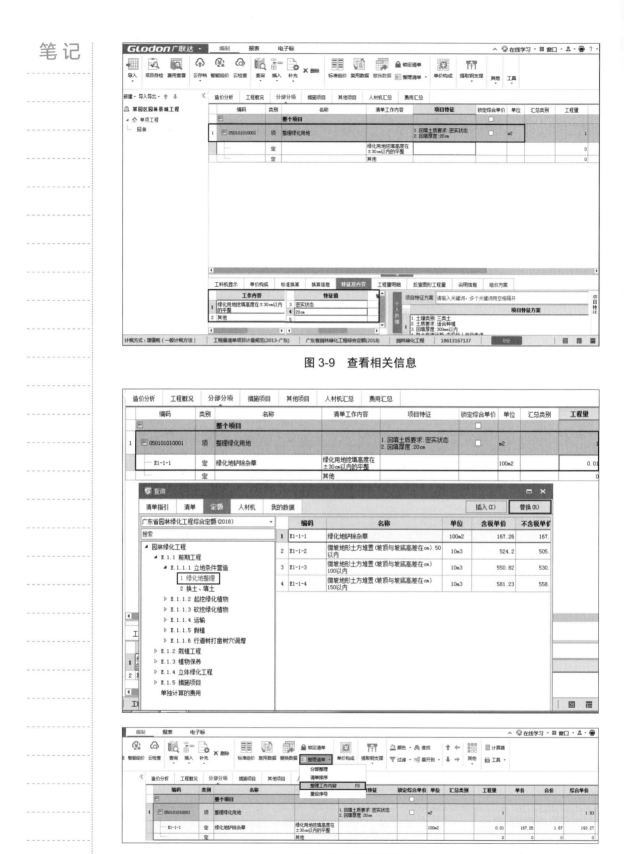

图 3-9 查看相关信息

图 3-10 整理工作内容

图 3-11 只显示组价工作内容

③ 措施项目计算：点击"措施项目"，如图 3-12 所示。

图 3-12 点击"措施项目"

④ 其他项目计算：点击"其他项目"，如图 3-13 所示；选择"暂列金额"，输入名称是"预留金"。

⑤ 人材机汇总：点击"人材机汇总"，选择"载价"→"批量载价"，如图 3-14 所示；选择"广州""2020 年 08 月"，如图 3-15、图 3-16 所示，点击"下一步"。

项目3 运用预算软件编制园林工程预算书

图 3-13 点击"其他项目"

图 3-14 选择"载价"→"批量载价"

图 3-15 选择"广州""2020 年 08 月"

图 3-16 费用汇总

⑥ 导出招标控制价：点击"报表"，选择"招标控制价"，点击"批量导出 Excel"，如图 3-17 所示；报表类型为"招标控制价"，选择导出的表格，如图 3-18 所示，点击"导出选择表"。

图 3-17 点击"批量导出 Excel"

图 3-18 导出选择表

项目3 运用预算软件编制园林工程预算书　　085

（3）园林工程施工图预算编制方法

《建筑工程施工发包与承包计价管理办法》（2013 年 12 月 11 日中华人民共和国住房和城乡建设部令第 16 号）第六条规定：全部使用国有资金投资或者以国有资金投资为主的建筑工程（以下简称国有资金投资的建筑工程），应当采用工程量清单计价；非国有资金投资的建筑工程，鼓励采用工程量清单计价。

① 工程量清单计价是指投标人完成由招标人提供的工程量清单所需的全部费用，包括分部分项工程费、措施项目费、其他项目费、规费和税金。工程量清单计价方式，是在建设工程招投标中，招标人自行或委托具有资质的中介机构编制反映工程实体消耗和措施性消耗的工程量清单，并作为招标文件的一部分提供给投标人，由投标人依据工程量清单自主报价的计价方式。在工程招标中采用工程量清单计价是国际上较为通行的做法。

② 工程量清单均采用综合单价形式，综合单价中包括了工程直接费、间接费、管理费、风险费、利润、国家规定的各种规费等。

③ 综合单价是完成一个规定清单项目所需的人工费、材料和工程设备费、施工机具使用费和企业管理费、利润，以及一定范围内的风险费用。

④ 全费用综合单价 = 人工费 + 材料费 + 机具费 + 管理费 + 利润 + 一定范围内风险费用。

综合单价法预算编制步骤如下：

A. 准备资料，熟悉施工图纸；
B. 划分项目，按统一规定计算工程量；
C. 套综合单价，计算各分项工程造价；
D. 汇总，得分部工程造价；
E. 分部工程造价汇总，得单位工程造价；
F. 复核；
G. 填写封面，编写说明。

（4）准备工作中需收集的资料

收集编制工程预算的各类依据材料，包括工程施工图纸、预算定额、材料信息价、施工组织设计、相关的取费标准。

广东省 2018 年取费标准：景观工程管理费费率是 14.07%；利润率是 20%；预算包干费率是 7%；绿色施工安全防护措施费率是 10%；社会保险费以人工费和机具费为基础，按 26.5% 计取；住房公积金以人工费和机具费为基础，按 8.0% 计取。

（5）园林工程工程量清单编制相关知识

工程量清单由下列内容组成：分部分项工程量清单，措施项目清单，其他项目清单，规费、税金项目清单。

① 分部分项工程量清单　分部分项工程是在正常的施工条件下，按照常规的施工工序、施工步骤的操作方法、设计要求和施工验收规范，完成一项工程实体项目的全部过程，它由一个项目与若干个相关项目组成。分部分项工程量清单包括项目编码、项目名称、项目特征、计量单位和工程量，其形式见表3-2。

表3-2　分部分项工程量清单

序号	项目编码	项目名称	项目特征	计量单位	工程量
1	050101010001	整理绿化用地	①找平找坡要求：30cm以内 ②回填土质要求：密实状态	m^2	10318
2	…	…	…	…	…

A. 项目编码。项目编码是指分部分项工程量清单项目名称的数字标识。分部分项工程量清单的项目编码，按五级设置，用12位阿拉伯数字表示：一、二、三、四级编码，即第1至9位按《建设工程工程量清单计价规范》附录的规定设置；第五级编码，即第10至12位应根据拟建工程的工程量清单项目名称由其编制人设置，同一招标工程的项目编码不得有重码。

1、2位为专业工程代码（01—房屋建筑与装饰工程；02—仿古建筑工程；03—通用安装工程；04—市政工程；05—园林绿化工程；06—矿山工程；07—构筑物工程；08—城市轨道交通工程；09—爆破工程），3、4位为附录分类顺序码，5、6位为分部工程顺序码，7、8、9位为分项工程项目名称顺序码，10至12位为清单项目名称顺序码。10至12位由编制人依据项目特征的区别，从001开始，一共有999个编码可以使用。

随着工程建设中新材料、新技术、新工艺等的不断涌现，上述规范附录所列的工程量清单项目不可能包含所有项目。在编制工程量清单时，若出现上述规范附录中未包括的清单项目，编制人应做补充。在编制补充项目时应注意以下三个方面：一是补充项目的编码由上述规范的专业工程代码0X与B和三位阿拉伯数字组成，并应从0XB001起顺序编制，同一招标工程的项目不得重码；二是在工程量清单中应附补充项目的项目名称、项目特征、计量单位、工程量计算规则和工作内容；三是将编制的补充项目报省级或行业工程造价管理机构备案。

B. 项目名称。分部分项工程量清单的项目名称应按《园林绿化工程工程量计算规范》（GB 50858—2013）的项目名称，并结合拟建工程的实际情况确定。

C. 项目特征。项目特征是指构成分部分项工程量清单项目、措施项目价值的本质特征。分部分项工程量清单项目特征，应按《园林绿化工程工程量计算规范》（GB 50858—2013）、《建设工程工程量清单计价规范》（GB 50500—2013）附录中规定的项目特征，结合拟建工程项目的实际予以描述。项目特征也可参考《工程量清单项目特征描述指南》和已完类似工程。项目特征必须描述清楚。

D. 计量单位。分部分项工程量清单的计算单位应按《园林绿化工程工程量计算规范》(GB 50858—2013)、《建设工程工程量清单计价规范》(GB 50500—2013)附录中规定的计量单位确定。

E. 工程量。工程量即工程的实物数量。分部分项工程量清单中所列工程量,应按《园林绿化工程工程量计算规范》(GB 50858—2013)、《建设工程工程量清单计价规范》(GB 50500—2013)附录中规定的工程量计算规则计算。

② 措施项目清单 措施项目清单是为完成分项实体工程而必须采取的一些措施性的清单。措施项目清单有通用项目清单和专业项目清单。通用项目11条;建筑工程项目1条;装饰装修工程项目2条;安装工程项目14条;市政工程项目7条。通用项目清单主要有安全文明施工、临时设施、二次搬运、模板及脚手架等。专业项目清单根据各专业的要求列项。

措施项目费是指为完成建设工程施工,发生于该工程施工前和施工过程中的技术、生活、安全、环境保护等方面的费用。

园林绿化工程措施项目在《建设工程工程量清单计价规范》(GB 50500—2013)中并未单独列出,故可使用《园林绿化工程工程量计算规范》(GB 50858—2013)措施项目表中的通用项目,见表3-3。

表3-3 措施项目表

序号	项目编码	项目名称
1	LSSGCSF00001	绿色施工安全防护措施费
2	粤 050405010001	文明工地增加费
3	050405002001	夜间施工增加费
4	粤 050405009001	赶工措施费
5	050405006001	反季节栽植影响措施费

③ 其他项目清单 其他项目清单是招标人提出的一些与拟建工程有关的特殊要求的项目清单。其他项目清单主要有预留金、材料购置费、总承包服务费和零星工作服务费等四项清单。其他项目清单内容包括暂定金额、总承包服务费、计日工、暂估价。

A. 暂定金额:招标人在工程量清单中暂定并包括在合同价款中的一笔款项。

B. 总承包服务费:总承包人为配合、协调建设单位进行专业工程发包,对建设单位自行采购的材料、工程设备等进行保管以及提供施工现场管理等服务所需的费用。

C. 计日工:以工作日为单位计算报酬。

D. 暂估价:发包人在工程量清单或预算书中提供的用于支付必然发生但暂时不能确定价格的材料与工程设备的单价、专业工程以及服务工作的金额。

④ 规费项目清单 规费是根据省级政府或省级有关管理部门规定必须缴纳的,应计入工程造价的费用。规费包括企业必须缴纳的养老保险费、失业保险费、医疗保险费(含生育保险费)、住房公积金和工伤保险费,以及工程排污费,均以各类

工程的人工费之和为基数。规费费率只作为编制概算预算的依据,不作为施工企业实际缴纳费用的依据。

⑤ 税金项目清单　是指国家税法规定的应计入建筑安装工程造价内的营业税、城市维护建设税、教育费附加以及地方教育附加。目前,营业税已改为增值税,即以前缴纳营业税的应税项目改成缴纳增值税。如出现未列的项目,应根据税务部门的规定列项。

（6）任务工程量清单编制步骤

第一步：确定工程项目。在熟悉施工图及施工组织设计的基础上,要严格按照定额的项目确定方式进行项目划分,如单位工程划分结果为园林绿化工程、围墙基础工程、景墙工程、园路工程、假山工程,见图3-19。

第二步：编制工程量清单。具体如下。

① 编制分部分项工程量清单　计算工程量主要是把设计图纸的内容转化成按定额的分项工程项目划分的工程数量。工程量是编制预算的基本依据,直接关系到工程造价的准确性。应根据确定的工程项目名称,依据预算定额规定的工程量计算规则,依次计算出各分项工程量。表3-4 所示为园林绿化工程量清单,表3-5 为围墙工程、景墙工程、园路工程、假山工程工程量计算表。

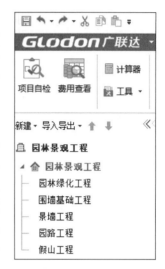

图3-19　单位工程划分结果

表3-4　园林绿化工程量清单

序号	项目编码	项目名称	项目特征描述	计量单位	工程量
一		绿化工程			
1	050101010001	整理绿化用地	① 找平找坡要求:30cm 以内 ② 回填土质要求:密实状态	m^2	10318
2	050101009001	种植土回（换）填	① 回填厚度:0.4m ② 回填土质要求:种植土 ③ 土壤类别:三类土	m^3	4127.2
3	050102001001	栽植乔木	① 胸径或干径:20cm 以内 ② 株高、冠径:550cm ③ 种类:乔木（带土球）,盆架子 ④ 起挖方式:假植 ⑤ 养护期:1 年	株	68
4	050102001002	栽植乔木	① 胸径或干径:40cm 以内 ② 株高、冠径:650cm ③ 种类:乔木（带土球）,香樟 A ④ 起挖方式:假植 ⑤ 养护期:1 年	株	4

续表

序号	项目编码	项目名称	项目特征描述	计量单位	工程量
5	050102001003	栽植乔木	①胸径或干径：30cm以内 ②株高、冠径：600cm ③种类：乔木（带土球），香樟B ④起挖方式：假植 ⑤养护期：1年	株	8
6	050102001004	栽植乔木	①胸径或干径：50cm以内 ②株高、冠径：700cm ③种类：乔木（带土球），木棉A ④起挖方式：假植 ⑤养护期：1年	株	4
7	050102001005	栽植乔木	①胸径或干径：30cm以内 ②株高、冠径：600cm ③种类：乔木（带土球），木棉B ④起挖方式：假植 ⑤养护期：1年	株	8
8	050102001006	栽植乔木	①胸径或干径：60cm以内 ②株高、冠径：600cm ③种类：乔木（带土球），细叶榕A ④起挖方式：假植 ⑤养护期：1年	株	3
9	050102001007	栽植乔木	①胸径或干径：20cm以内 ②株高、冠径：100cm ③种类：乔木（带土球），细叶榕B ④起挖方式：假植 ⑤养护期：1年	株	127
10	050102001008	栽植乔木	①胸径或干径：20cm以内 ②株高、冠径：550cm ③种类：乔木（带土球），芒果 ④起挖方式：假植 ⑤养护期：1年	株	7
11	050102001009	栽植乔木	①胸径或干径：20cm以内 ②株高、冠径：550cm ③种类：乔木（带土球），鸡冠刺桐 ④起挖方式：假植 ⑤养护期：1年	株	7
12	050102001010	栽植乔木	①胸径或干径：12cm以内 ②株高、冠径：100cm ③种类：乔木（带土球），细叶榄仁 ④起挖方式：假植	株	11
13	050102001011	栽植乔木	①胸径或干径：12cm以内 ②株高、冠径：600cm ③种类：乔木（带土球），红花紫荆 ④起挖方式：假植 ⑤养护期：1年	株	47

续表

序号	项目编码	项目名称	项目特征描述	计量单位	工程量
14	050102001012	栽植乔木	①胸径或干径：12cm以内 ②株高、冠径：600cm ③种类：乔木（带土球），白玉兰 ④起挖方式：假植 ⑤养护期：1年	株	37
15	050102001013	栽植乔木	①胸径或干径：12cm以内 ②株高、冠径：410cm ③种类：乔木（带土球），大叶紫薇 ④起挖方式：假植 ⑤养护期：1年	株	34
16	050102001014	栽植乔木	①胸径或干径：12cm以内 ②株高、冠径：450cm ③种类：乔木（带土球），秋枫A ④起挖方式：假植 ⑤养护期：1年	株	75
17	050102001015	栽植乔木	①胸径或干径：60cm以内 ②株高、冠径：600cm ③种类：乔木（带土球），秋枫B ④起挖方式：假植 ⑤养护期：1年	株	3
18	050102002001	栽植灌木	①起挖方式：假植 ②蓬径：200cm ③种类：带土球灌木，造型层榕	株	35
19	050102002002	栽植灌木	①冠丛高：1.2～1.5m ②养护期：1年 ③起挖方式：假植 ④蓬径：120cm ⑤种类：带土球灌木，细叶紫薇	株	67
20	050102002003	栽植灌木	①冠丛高：1.2～1.5m ②养护期：1年 ③起挖方式：假植 ④蓬径：150cm ⑤种类：带土球灌木，鸡蛋花	株	26
21	050102002004	栽植灌木	①冠丛高：1m ②养护期：1年 ③起挖方式：假植 ④蓬径：120cm ⑤种类：带土球灌木，红果仔	株	21
22	050102002005	栽植灌木	①冠丛高：1.2～1.5m ②养护期：1年 ③起挖方式：假植 ④蓬径：150cm ⑤种类：带土球灌木，红花继木	株	78

续表

序号	项目编码	项目名称	项目特征描述	计量单位	工程量
23	050102002006	栽植灌木	① 冠丛高：1.2～1.5m ② 养护期：1年 ③ 起挖方式：假植 ④ 蓬径：150cm ⑤ 种类：带土球灌木，大红花	株	141
24	050102002007	栽植灌木	① 冠丛高：1.2～1.5m ② 养护期：1年 ③ 起挖方式：假植 ④ 蓬径：120cm ⑤ 种类：带土球灌木，非洲灰莉	株	20
25	050102002008	栽植灌木	① 冠丛高：1m ② 养护期：1年 ③ 起挖方式：假植 ④ 蓬径：100cm ⑤ 种类：带土球灌木，含笑	株	69
26	050102008001	栽植花卉	① 单位面积袋数：25袋/m^2 ② 花卉种类：木本花，大叶龙船花 ③ 养护期：1年	m^2	93
27	050102008002	栽植花卉	① 单位面积袋数：25袋/m^2 ② 花卉种类：木本花，花叶鹅掌柴 ③ 养护期：1年	m^2	391
28	050102008003	栽植花卉	① 单位面积袋数：25袋/m^2 ② 花卉种类：木本花，红花继木 ③ 养护期：1年	m^2	142
29	050102008004	栽植花卉	① 单位面积袋数：25袋/m^2 ② 花卉种类：木本花，希美利 ③ 养护期：1年	m^2	195
30	050102008005	栽植花卉	① 单位面积袋数：25袋/m^2 ② 花卉种类：木本花，黄金叶 ③ 养护期：1年	m^2	115
31	050102008006	栽植花卉	① 单位面积袋数：25袋/m^2 ② 花卉种类：木本花，长春花 ③ 养护期：1年	m^2	114
32	050102008007	栽植花卉	① 单位面积袋数：25袋/m^2 ② 花卉种类：草本花，花叶良姜 ③ 株高或蓬径：0.25m ④ 养护期：1年	m^2	58
33	050102008008	栽植花卉	① 单位面积袋数：25袋/m^2 ② 花卉种类：草本花，蝴蝶兰 ③ 株高或蓬径：0.25m ④ 养护期：1年	m^2	66

续表

序号	项目编码	项目名称	项目特征描述	计量单位	工程量
34	050102008009	栽植花卉	① 单位面积袋数：25 袋/m^2 ② 花卉种类：木本花，簕杜鹃 ③ 株高或蓬径：0.3m ④ 养护期：1年	m^2	176
35	050102008010	栽植花卉	① 单位面积袋数：25 袋/m^2 ② 花卉种类：木本花，花叶假连翘 ③ 株高或蓬径：0.2m ④ 养护期：1年	m^2	210
36	050102008011	栽植花卉	① 单位面积袋数：25 袋/m^2 ② 花卉种类：木本花，紫花马缨丹 ③ 株高或蓬径：0.2m ④ 养护期：1年	m^2	194
37	050102008012	栽植花卉	① 单位面积袋数：36 袋/m^2 ② 花卉种类：草本花，银边沿阶草 ③ 株高或蓬径：0.2m ④ 养护期：1年	m^2	97
38	050102008013	栽植花卉	① 单位面积袋数：25 袋/m^2 ② 花卉种类：木本花，福建茶 ③ 株高或蓬径：0.2m ④ 养护期：1年	m^2	12
39	050102008014	栽植花卉	① 单位面积袋数：25 袋/m^2 ② 花卉种类：木本花，大红花 ③ 株高或蓬径：0.2m ④ 养护期：1年	m^2	231
40	050102012001	铺种草皮	① 养护期：1年 ② 草皮种类：件装，满地黄金 ③ 铺种方式：满铺	m^2	206
41	050102012002	铺种草皮	① 养护期：1年 ② 草皮种类：件装，台湾草 ③ 铺种方式：满铺	m^2	4250
二		围墙基础工程			
1	010501003001	基础	① 混凝土种类：现浇 ② 混凝土强度等级：C15、C25	m	641
2	010503002001	梁	① 混凝土种类：现浇 ② 混凝土强度等级：C25	m	641
3	010502001001	矩形柱	① 混凝土种类：现浇 ② 混凝土强度等级：C25	m^3	21.8938
三		景墙工程			
1	010401001002	基础	① 砖品种、规格、强度等级：标准砖 ② 基础类型：条形 ③ 砂浆强度等级：水泥砂浆，M5.0	m	10

续表

序号	项目编码	项目名称	项目特征描述	计量单位	工程量
2	010401003001	实心砖墙	① 砖品种、规格、强度等级：标准砖 ② 墙体类型：外墙 ③ 砂浆强度等级：水泥砂浆，M5.0	m	10
3	011204001001	石材墙面	① 墙体类型：混水墙 ② 安装方式：粘贴 ③ 面层材料品种：花岗岩 ④ 缝宽、嵌缝材料种类：嵌缝砂浆	m²	31.3269
四		园路工程			
1	050201003001	路牙铺设	① 垫层材料种类：混合料 ② 路牙材料种类：花岗石 ③ 砂浆配合比：水泥砂浆 1：3	m	444
2	050201001002	园路	① 路床土石类别：一、二类 ② 路面宽度、材料种类：1.6m，高压机制砖 ③ 砂浆强度等级：混合，M5.0 ④ 垫层材料种类：混合料	m²	222
五		假山工程			
1	050301002001	堆砌石假山	① 堆砌高度：3m 以内 ② 石料种类：黄石 ③ 混凝土强度等级：C20	t	30.94

表3-5 围墙工程、景墙工程、园路工程、假山工程工程量计算表

序号	分项	计算过程（算式中，括号必须为小括号；注释为中括号）	单位	工程量
一	围墙工程			
	区段数	641/8.03［按照 8030mm 一个区段］	个	80.000
1	基础			
1.1	粗砂碎石垫层	1.04×0.3×8.03［宽×高×长］×80［区段数］	m³	200.429
1.2	C15 混凝土垫层	1.04×0.1×8.03［宽×高×长］×80［区段数］	m³	66.810
1.3	C25 混凝土基础	(0.84×0.84×0.3［长×宽×高］+1.11×0.84×0.3［长×宽×高］)×80［区段数］	m³	39.312
1.4	基础钢筋（三级钢）	(0.000888［φ12 钢筋单重］×(0.840−0.05×2)［钢筋单长］×12［根数］+0.000888［φ12 钢筋单重］×((0.840−0.05×2)［钢筋单长］×8［根数］+(1.110−0.05×2)［钢筋单长］×6［根数］)×80［区段数］	t	1.482
2	梁			
2.1	C25 混凝土	((0.24×0.55)［断面］×(8.03−0.24×3−0.03)［一个区段内梁的长度］)×80［区段数］	m³	76.877

续表

序号	分项	计算过程（算式中，括号必须为小括号；注释为中括号）	单位	工程量
2.2	梁钢筋（一级钢）	(0.000617[φ10钢筋单重]×(8.03−0.05×2)[梁长度−混凝土保护层厚度]×2[根数]+0.000395[φ8钢筋单重]×1.516[单根箍筋长度]×(8.03−0.24×3)[梁长度−柱子宽度]/0.2[箍筋间距])×80[区段数]	t	2.534
2.3	梁钢筋（三级钢）	(0.000888[φ12钢筋单重]×(8.03−0.05×2)[梁长度−混凝土保护层厚度]×6[根数])×80[区段数]	t	3.380
3	柱			
3.1	C25混凝土	((0.24×0.24)[断面]×1.55[柱子高度]×3[一个区段内根数]+0.0324×0.06[柱帽体积]×3[一个区段内根数])×80[区段数]	m³	21.894
3.2	柱子钢筋（一级钢）	((0.000395[φ8钢筋单重]×0.896[单根箍筋长度]×(1.55/0.2)[柱高/箍筋间距=根数]+0.000395[φ8钢筋单重]×0.43[单根长]×6[根数])×3[一个区段内柱子根数])×80[区段数]	t	0.903
3.3	柱子钢筋（三级钢）	(0.000888[φ12钢筋单重]×2.53[钢筋单长]×4[根数]×3[一个区段内柱子根数])×80[区段数]	t	2.157
二	景墙工程			
1	基础			
1.1	素土夯实	(0.56+0.3×2)×10[宽×长]	m²	11.600
1.2	C15混凝土垫层	0.56×0.1×10[宽×高×长]	m³	0.560
1.3	砖砌体基础	10×0.36×0.12[长×宽×高]+10×0.24×1.2[长×宽×高]	m³	3.312
2	墙体			
2.1	一砖墙	10×0.24×1.8[长×宽×高]−4.511×0.24×0.4[长×宽×高]	m³	3.887
2.2	箍筋φ6	0.000222[φ6钢筋单重]×((10−0.05×2)[墙长度−混凝土保护层厚度]/0.15+1)	t	0.015
2.3	箍筋φ8	0.000395[φ8钢筋单重]×((10−0.05×2)[墙长度−混凝土保护层厚度]/0.15+1)	t	0.026
2.4	受力筋φ8	0.000395[φ8钢筋单重]×(10−0.05×2)[梁长度−混凝土保护层厚度]×4[根数]	t	0.016
3	装饰			
3.1	花岗岩	(0.3×1.8[宽×高]×2+10×0.3[长×宽]+(10×1.8)×2−(4.511×1.2)×2)+1.2×0.3×2+4.511×0.3	m³	31.327

续表

序号	分项	计算过程（算式中，括号必须为小括号；注释为中括号）	单位	工程量
三	园路工程			
1	园路			
1.1	素土夯实	(2+0.05×2)×222［宽×长］	m²	466.200
1.2	150厚水泥石渣垫层	(2+0.05×2)×0.15×222［宽×高×长］	m³	69.930
1.3	100厚C15混凝土	222×1.6×0.1［长×宽×高］	m³	35.520
1.4	40厚水泥砂浆结合层（如果超过20厚要计算量）	222×2×0.04［长×宽×高］	m³	17.760
1.5	50厚高压机制砖	222×1.6	m²	355.200
2	道牙			
2.1	花岗岩	222×2［长］	m	444.000
四	假山工程			
1	基础			
1.1	素土夯实	(1.7+0.25×2)［素土夯实长］×5［宽］	m²	11.000
1.2	混凝土垫层	(1.7+0.5)［垫层长］×5［宽］×0.3［高］	m³	3.300
2	假山			
2.1	堆砌假山	1.7［假山长］×5［宽］×2.5［高］×2.6［比重］×0.56［高度系数］	t	30.940

② 编制措施项目清单　见表3-6。

表3-6　措施项目表

序号	项目编码	项目名称	计算基础	费率
1	LSSGCSF00001	绿色施工安全防护措施费	分部分项人工费+分部分项机械费	
2	粤050405010001	文明工地增加费	分部分项人工费+分部分项机械费	
3	050405002001	夜间施工增加费		
4	粤050405009001	赶工措施费	分部分项人工费+分部分项机械费	
5	050405006001	反季节栽植影响措施费		

③ 编制其他项目清单　根据本工程施工图纸和地质勘探的实际情况，在施工中可能要发生变更或签证，因此预留金（暂列金额）为10000元，不产生零星工作费（计日工），见表3-7。

表3-7 其他项目清单计价汇总表

序号	名称	计量单位	暂定金额/元	备注
1	预留金	元	10000	

④ 编制规费和税金项目清单 规费和税金按照本省政府或省级相关部门的规定列项,其项目清单与计价表见表3-8。

表3-8 规费、税金项目清单与计价表

序号	项目名称	计算基础	计算费率/%	金额/元
1	增值税销项税额	分部分项合计+措施合计+其他项目	9	
2	规费	工程排污费+社会保障费+住房公积金		
2.1	工程排污费			
2.2	社会保障费	养老保险+失业保险+医疗保险+生育保险+工伤保险		
(1)	养老保险	人工费	26.5	
(2)	失业保险	人工费	26.5	
(3)	医疗保险	人工费	26.5	
(4)	生育保险	人工费	26.5	
(5)	工伤保险	人工费	26.5	
2.3	住房公积金	人工费	8	

第三步:工程量清单编制总说明。

① 工程概况:本工程为某园林景观工程。一期总用地面积 34520m²,其中可建设用地面积 34520m²。本次施工图景观设计范围主要为红线内区域,景观用地面积约 25445m²,其中园路及铺装场地面积 15127m²,绿化面积 10318m²。

② 工程范围:图纸范围内,包括土方工程、绿化工程、砌筑工程、钢筋工程、园路工程、假山工程。

③ 编制依据:施工图纸、《建设工程工程量清单计价规范》(GB 50500—2013)、《园林绿化工程工程量计算规范》(GB 50858—2013)。

④ 暂列金额:10000.00 元。

⑤ 苗木养护期为一年。

 任务实施

任务书工程量清单计价任务实施如下。

第一步:收集编制资料,熟悉图纸和招标书内容,核算工程量清单的工程量。
第二步:填写分部分项工程量清单综合单价分析表。

一个工程量清单项目由一个或几个定额子目组成,将各定额子目的综合单价汇总累加,再除以该清单项目的工程数量,即可求得该清单项目的综合单价。本项目要求综合工日单价调整为 400 元 / 工日，机械、材料价格可参考任务书给出的苗木指导价并结合各地区造价部门公布的价格表和市场信息进行调整，见附录 B。

第三步：计算措施项目费，填写措施项目清单计价表。

① 根据招标文件提供的措施项目清单和投标人拟定的施工组织设计或方案，填写措施项目内容。

② 措施项目费用计算。措施项目费用由投标人自主确定，安全文明施工费必须按国家或省级、行业建设主管部门的规定计算，不得作为竞争性费用。从招标文件上可知本工程为园林绿化工程，措施项目费中绿色施工安全防护措施费根据《广东省园林绿化工程综合定额》（2018）的基础执行，费率由合同文件来定，措施项目清单计价表见表3-9。

表3-9 措施项目清单计价表

序号	项目编码	项目名称	计算基础	费率 /%	金额 / 元	备注
1	LSSGCSF00001	绿色施工安全防护措施费	分部分项人工费+分部分项机械费	10	17788054.20	以分部分项的人工费与施工机具费之和为计算基础，按10%计算
2	粤050405010001	文明工地增加费	分部分项人工费+分部分项机械费	市级文明工地：0.61 省级文明工地：1.20		以分部分项的人工费与施工机具费之和为计算基础
3	050405002001	夜间施工增加费		20		以夜间施工项目人工费的20%计算
4	粤050405009001	赶工措施费	分部分项人工费+分部分项机械费	0		赶工措施费=（1−δ）×分部分项的（人工费+施工机具费）×0.58 式中，δ=合同工期/定额工期，0.8≤δ<1
5	050405006001	反季节栽植影响措施费				按实际发生或经批准的施工方案计算
		合计			17788054.20	

第四步：计算其他项目费，填写其他项目清单计价表。

① 暂列金额：发包人暂定并包括在合同价款中的一笔款项。用于施工合同签订时尚未确定或者不可预见的所需材料、设备、服务的采购，施工中可能发生的工程变更、合同约定调整因素出现时的工程价款调整以及发生的索赔、现场签证确认等的费用。招标控制价和施工图预算具体由发包人根据工程特点确定；发包人没有约定时，按分部分项工程费的10.00%计算。结算按实际发生数额计算，本项目合同暂列金额为10000.00元。

② 暂估价：发包人提供的用于支付必然发生但暂时不能确定价格的材料的单价以及专业工程的金额。按预计发生数估算。本项目不设置该费用。

③ 计日工：预计数量，由发包人根据拟建工程的具体情况，列出人工、材料、机具的名称，计量单位和相应数量。招标控制价和预算中计日工单价按工程所在地的工程造价信息计列，工程造价信息中没有的，参考市场价格确定。工程结算时，工程量按承包人实际完成的工作量计算；单价按合同约定的计日工单价，合同没有约定，按工程所在地的工程造价信息计列（其中人工按总说明签证用工规定执行）。本项目不设置该费用。

④ 总承包服务费：总承包人为配合、协调发包人在法律法规允许的范围内进行工程分包和对自行采购的设备、材料等进行管理、服务（如分包人使用总包人的脚手架、水电接驳等）以及施工现场管理、竣工资料汇总整理等服务所需的费用。本项目不设置该费用。

⑤ 预算包干费：按分部分项的人工费与施工机具费之和的 6.00% 计算。预算包干内容一般包括：施工雨（污）水的排除；场内料具二次运输；树穴内的泥浆清除；工程用水加压措施；施工材料堆放场地的整理；工程成品的保护；施工中的临时停水停电；日间施工照明；完工后的场地清理。本项目不设置该费用。

⑥ 工程优质费：发包人要求承包人创建优质工程，招标控制价和预算应按规定计列工程优质费。经有关部门鉴定或评定达到合同要求的，工程结算应按照合同约定计算工程优质费。本项目不设置该费用。

⑦ 其他费用（表 3-10）：工程发生时，由编制人根据工程要求和施工现场实际情况，按实际发生或经批准的施工方案计算。本项目不设置该费用。

表3-10 其他项目清单计价表

序号	名称	计量单位	暂定金额/元	备注
1	预留金	元	10000	

第五步：填写规费、税金清单计价表。

① 规费是按行业行政主管部门规定必须计取，并计入造价的固定费率的费用，规费费率是招投标中不可竞争的。计算公式如下。

规费 =（直接费 + 企业管理费 + 利润）× 规费费率

② 税金是指国家税法规定的应计入工程造价内的增值税，见表 3-11。

表3-11 增值税计算表

序号	项目名称	计算基础	计算基数	计算费率/%	金额/元
1	增值税销项税额	分部分项合计+措施合计+其他项目	9922531.77	9	4597492.97

第六步：填写单位工程费用汇总表（表 3-12）。

在工程量计算、综合单价分析经核查无异议后，即可进行分部分项工程费、措施项目费、其他项目费、规费和税金的计算，从而汇总得出工程造价，见表 3-12。

表3-12　单位工程费用汇总表

序号	汇总内容	金额/元	其中：暂估价/元
1	分部分项合计	200341115.80	
2	措施合计	17788054.20	
2.1	绿色施工安全防护措施费	2153182.92	
2.2	其他措施费	0	
3	其他项目	10000.00	—
3.1	暂列金额	10000.00	
3.2	暂估价	0	
3.3	计日工	0	
3.4	总承包服务费	0	
3.5	预算包干费	0	
3.6	工程优质费	0	
3.7	概算幅度差	0	
3.8	索赔费用	0	
3.9	现场签证费用	0	
3.10	其他费用	0	
4	税前工程造价	218139170.00	
5	增值税销项税额	19632525.30	—
6	总造价	237771695.30	

第七步：填写投标报价封面，见表3-13。

表3-13　投标报价封面

某园林景观工程			
投 标 总 价			
招 标 人			
工 程 名 称	某园林景观工程		
投标总价	小写	237,771,695.30	
	大写	贰亿叁仟柒佰柒拾柒万壹仟陆佰玖拾伍元叁角	
投 标 人	（单位盖章）		
法定代表人 或其授权人	（签字或盖章）		
编 制 人	（造价人员签字盖专用章）		
编 制 时 间			

第八步：编制说明。

① 工程概况：本工程为某园林景观工程。一期总用地面积34520m²，其中可建设用地面积34520m²。本次施工图景观设计范围主要为红线内区域，景观用地面积约25445m²，其中园路及铺装场地面积15127m²，绿化面积10318m²。

② 工程量清单计价依据。

A. 招标文件、施工合同、工程量清单及要求。

B. 工程施工图纸。

C.《建设工程工程量清单计价规范》（GB 50500—2013）、《园林绿化工程工程量计算规范》（GB 50858—2013）。

D.《广东省园林绿化工程综合定额》（2018）、《广东省房屋建筑与装饰工程综合定额》（上、中、下册）（2018）。

E. 广东省工程造价管理站发布的材料价格信息。

③ 工程量清单报价表中的综合单价和合价均包括人工费、材料费、机具费、管理费和利润。

④ 措施项目报价表中所填写的措施项目报价，包括为完成本工程项目施工必须采取措施所发生的费用。

⑤ 其他项目报价表中所填入的其他项目报价，包括工程量清单报价表和措施项目报价表以外的，为完成本工程项目施工所必须发生的其他费用。

⑥ 本报价的币种为人民币。

 任务考核

园林景观工程施工图预算编制评分标准见表3-14。

表3-14　园林景观工程施工图预算编制评分表

序号	内容	评分标准	分值	得分	备注
1	分部分项工程费用表	严格按照清单描述和工作内容组价，各项综合单价包含人工费、材料费、机具费、管理费和利润及一定范围内的风险费用	40		
2	措施项目费计价、其他项目汇总表	按照招投标文件要求组价	10		
3	规费和税金	按照国家、省级或行业主管部门要求组价	10		
4	单位工程总价表	费用汇总正确	20		
5	人材机价差表	综合工日单价调整为400元/工日，机械、材料价格可参考任务书给出的苗木指导价并结合各地区造价部门公布的价格表和市场信息进行调整	20		
	合计		100		
实训指导教师签字：					

笔记

项目 4
园林工程结算与竣工决算

项目概述

园林工程是指以工程手段和艺术方法,通过对园林各个设计要素的现场施工而使目标园地成为特定优美景观区域的过程。由于环境和工程条件的变化都会引起园林工程各要素的变化,因此在园林工程施工阶段,经常遇到园林工程发生变更的情况,发包人和承包人在施工合同中约定的合同价款也会因工程变更而出现变动。为有效控制工程造价,发包商与承包商之间在施工合同中明确约定合同价款的调整方法和调整程序。

工程结算是指施工企业按照承包合同和已完工程量向建设单位办理工程价清算的经济文件。工程竣工决算是指在工程竣工验收、交付使用阶段,由建设单位编制的建设项目从筹建到竣工验收、交付使用全过程中实际支付的全部建设费用。竣工决算是整个建设工程的最终价格,是建设单位财务部门汇总固定资产的主要依据。

技能要求

①能运用《建设工程工程量清单计价规范》(GB 50500—2013)相关条款进行合同价款调整。

②能运用《建设工程工程量清单计价规范》(GB 50500—2013)相关条款编制中间结算和竣工决算。

知识要求

①掌握园林工程合同价款调整程序。　　④掌握园林工程预付款计算。
②掌握园林工程合同价款调整内容。　　⑤掌握园林工程进度款结算和竣工决算。
③掌握园林工程合同价款调整规范。

思政要求

①对于合同价款调整中出现的问题,培养善于解决问题的思维,并学会挖掘问题存在的深层原因。

②通过合同价款调整,培养团队合作意识。

任务 4.1 工程预付款与进度款拨付

学习目标

① 学会运用工程预付款及进度款的拨付来进行工程结算。
② 学会工程预付款的计算方法与扣回安排。
③ 学会根据工程进度编制申请表以获得相应工程进度款。

子任务 4.1.1 工程预付款的计算与扣回

任务分配（表 4-1）

表4-1　学生任务分配表

班级		组号		指导老师	
组长		学号			
组员	姓名	学号	分工		

 **工作准备**

（1）任务分析

① 要明确工程预付款的规定。
② 要能结合工程实际计算出工程预付款。
③ 掌握工程预付款的起扣点计算。

（2）知识准备

① 工程预付款相关规定如下。

工程预付款是用于承包人为合同工程施工购置材料与工程设备、购置或租赁施工设备、修建临时设施以及组织施工队伍进场等所需的款项，国内习惯上称为预付备料款。

预付款的支付比例不宜高于合同价款的30%。承包人必须将预付款专用于合同工程。

《建设工程工程量清单计价规范》（GB 50500—2013）中关于预付款作出了相应的约定：

承包人应在签订合同或向发包人提供与预付款等额的预付款保函（如有）后向发包人提交预付款支付申请。发包人应在收到申请的7天内进行核实后向承包人发出预付款支付证书，并在签发支付证书后的7天内向承包人支付预付款。发包人没有按时支付预付款的，承包人可催告发包人支付；发包人在付款期满后的7天内仍未支付的，承包人可在付款期满后的第8天起暂停施工。发包人应承担由此增加的费用和（或）延误的工期，并向承包人支付合理利润。

预付款应从每支付期应支付给承包人的工程进度款中扣回，直到扣回的金额达到合同约定的预付款金额为止。承包人的预付款保函（如有）的担保金额根据预付款扣回的数额相应递减，但在预付款全部扣回之前一直保持有效。发包人应在预付款扣完后的14天内将预付款保函退还给承包人。

② 工程预付款的计算如下。

不同地区、不同部门规定的工程预付款额度不尽相同，一般是根据施工工期、园林工程工作量、主要材料和构建费用占园林工程工作量的比例以及材料储备周期等因素进行测算来确定。

A.在合同条件中约定。根据工程的类型、合同工期、供应体制等因素，明文规定发包人在开工前拨付给承包人一定限额的工程预付款。

B.公式计算法。这是根据主要材料（含结构件等）占年度承包工程总价的比重、材料储备定额天数和年度施工天数等因素，通过公式计算预付款额度的一种方法。计算公式如下：

$$工程预付款数额=\frac{工程总价\times 材料所占比重(\%)}{年度施工天数}\times 材料储备定额天数$$

式中，年度施工天数按 365 天日历天计算；材料储备定额天数由当地材料供应的在途天数、加工天数、整理天数、供应间隔天数、保险天数等因素决定。

$$工程预付款比例=\frac{工程预算款数额}{工程总价}\times 100\%$$

【例1】某公园园林景观工程合同总价为 300 万元，其中工程主要材料、构建费用所占比重为 65%，材料储备定额天数为 30 天，问：该园林工程预付款为多少万元？

解：按工程预付款数额计算公式可得

$$工程预付款=\frac{300\times 65\%}{365}\times 30=16.03（万元）$$

答：工程预付款为 16.03 万元。

③ 工程预付款的扣回如下。

发包人拨付给承包人的工程预付款属于预付性质，随着工程进度的推进，拨付的工程进度款数额不断增加，工程所需主要材料储备逐步减少，原已支付的预付款应以抵扣的方式予以陆续扣回。

A. 在承包人完成金额累计达到合同总价的一定比例后，由承包方开始向发包方还款，可通过合同的形式予以确定，采用等比例或等额扣款的方式。在实际工作中，如工程工期较短、造价较低，则无需分期扣回；如工程工期较长，需跨年度施工，其备料款的占用时间很长，预付款可以不扣或少扣，并于次年按应付备料款调整，多退少补。

B. 从未完施工工程尚需的主要材料及构件的价值相当于工程预付款数额时扣起，从每次中间结算工程价款中，按材料及构件比重扣抵工程价款，至竣工前全部扣清。确定起扣点是工程预付款起扣的关键。

确定工程预付款起扣点的依据是：未完施工工程所需主要材料和构件的费用，等于工程预付款的数额。工程预付款起扣点计算公式如下：

$$T = P - M / N$$

式中，T 为起扣点，即工程预付款开始扣回时的累计完成工程金额；P 为承包工程合同总额；M 为工程预付款数额；N 为主要材料及构件所占比重。

【例2】按照例1中预付款计算，问：起扣点为多少万元？

解：按起扣点计算公式可得

$$T = P - M / N = 300 - 16.03 / 65\% = 275.34（万元）$$

答：当工程完成 275.34 万元时，本项工程预付款起扣。

子任务 4.1.2　工程进度款的计算与支付

任务分配（表 4-2）

表4-2　学生任务分配表

班级		组号		指导老师	
组长		学号			
组员	姓名	学号	分工		

工作准备

（1）任务分析

① 掌握园林工程进度款结算规则。
② 掌握园林工程价格的计价方法。
③ 掌握园林工程进度款计算步骤。
④ 掌握园林工程进付款的支付。

（2）知识准备

① 园林工程进度款阶段的规则如下。

《建设工程工程量清单计价规范》（GB 50500—2013）中关于进度款做出了相应的约定：

进度款支付周期，应与合同约定的工程计量周期一致。

承包人应在每个计量周期到期后的 7 天内，向发包人提交已完工程进度款支付申请（一式四份），详细说明此周期自己认为有权得到的款额，包括分包人已完工程的价款。支付申请的内容包括：

A. 累计已完成工程的工程价款；
B. 累计已实际支付的工程价款；
C. 本期间完成的工程价款；
D. 本期间已完成的计日工价款；
E. 应支付的调整工程价款；

F. 本期间应扣回的预付款；

G. 本期间应支付的安全文明施工费；

H. 本期间应支付的总承包服务费；

I. 本期间应扣留的质量保证金；

J. 本期间应支付的、应扣除的索赔金额；

K. 本期间应支付或扣留（扣回）的其他款项；

L. 本期间实际应支付的工程价款。

发包人应在收到承包人进度款支付申请后的 14 天内根据计量结果和合同约定对申请内容予以核实。确认后向承包人出具进度款支付证书。

发包人应在签发进度款支付证书后的 14 天内，按照支付证书列明的金额向承包人支付进度款。

若发包人逾期未签发进度款支付证书，则视为承包人提交的进度款支付申请已被发包人认可，承包人可向发包人发出催告付款的通知。发包人应在收到通知后的 14 天内，按照承包人支付申请阐明的金额向承包人支付进度款。

发包人未按照规定支付进度款的，承包人可催告发包人支付，并有权获得延迟支付的利息；发包人在付款期满后的 7 天内仍未支付的，承包人可在付款期满后的第 8 天起暂停施工。发包人应承担（负责）由此增加的费用和（或）延误的工期，向承包人支付合理利润，并承担违约责任。

发现已签发的任何支付证书有错、漏或重复的数额，发包人有权予以修正，承包人也有权提出修正申请。经发承包双方复核同意修正的，应在本次到期的进度款中支付或扣除。

② 园林工程的计价方法如下。

工程进度款的计算，主要涉及两个方面：一是工程量的计算；二是单价的计算。

工程量的计算根据工程实际进度完成情况进行。

单价的计算方法，主要是根据由发包人和承包人事先约定的工程价格的计价方法决定。目前在我国，一般来讲，工程价格的计价方法可以分为工料单价法和综合单价法两种。所谓工料单价法是指分部分项工程项目单价采用直接工程费单价（工料单价）的一种计价方法，综合费用（企业管理费和利润）、规费及税金单独计取。所谓综合单价法是指分部分项项目及施工技术措施费项目的单价除规费和税金外的是全费用单价（综合单价）的一种计价方式，规费、税金单独计取。综合单价是指完成工程量清单中一个规定计量单位项目所需的人工费、材料费、机械使用费、企业管理费和利润，并考虑了风险因素。二者在选择时，既可采取可调价格的方式，即工程价格在实施期间可随价格变化而调整，也可采取固定价格的方式，即工程价格在实施期间不因价格变化而调整，在工程价格中已考虑价格风险因素并在合同中明确了固定价格所包括的内容和范围。实践中进行工程进度款计算采用较多的是可调工料单价法和固定综合单价法。

可调工料单价法将工、料、机价格再配上预算价作为直接成本单价，其他直接成本、间接成本、利润、规费和税金分别计算。因为价格是可调的，其材料等费用在竣工结算时按工程造价管理机构公布的竣工调价系数或材料信息价进行调整计算，目前情况下机械费采用系数调整法的比较多，建筑材料采用信息价调整的比较多。固定综合单价法是包含了风险费用在内的全费用单价，故不受时间价值的影响。由于两种计价方法的不同，工程进度款的计算方法也不同。

③ 园林工程进度款计算步骤如下。

根据工程合同要求，可调工料单价法和固定综合单价法计算工程进度款时的方法有所不同，其中，采用可调工料单价法计算工程进度款时，在确定已完工程量后，可按以下步骤计算工程进度款：

A. 根据已完工程量的项目名称、分项编号、单价得出合价。
B. 将本月所完全部项目合价相加，得出直接工程费和施工技术措施费的小计。
C. 按规定计算施工组织措施费、综合费用（企业管理费和利润）。
D. 按规定计算规费和税金。
E. 累计本月应收工程进度款。

用固定综合单价法计算工程进度款比用可调工料单价法更方便、省事，工程量得到确认后，只要将工程量与综合单价相乘得出合价，累加之后再计算规费和税金即可完成本月工程进度款的计算工作。

④ 园林工程进度款支付。工程进度款的支付，一般按当月实际完成工程量进行结算，工程竣工后办理竣工结算。在工程竣工前，承包人收取的工程预付款和进度款的总额一般不超过合同总额（包括工程合同签订后经发包人签证认可的增减工程款）的95%，其余5%尾款，在工程竣工结算时除保修金外一并清算。

【例3】某园林工程承包合同总额为520万元，主要材料及结构件金额占合同总额50%，预付备料款额度为合同总额的25%，预付款扣款的方法是在未完施工工程尚需的主要材料及构件的价值相当于预付款数额时起扣，从每次中间结算工程价款中，按材料及构件比重抵扣工程价款。保留金为合同总额的5%。2023年上半年各月实际完成合同价值如表4-3所示，问：如何按月结算工程款？

表4-3　2023年上半年各月实际完成合同价值

月份	二月	三月	四月	五月
完成合同价值／万元	100	150	120	150

解：

A. 预算备料款：

$$520 \times 25\% = 130（万元）$$

B. 求预付备料款的起扣点，即：

开始扣回预付备料款时的合同价值 $= 520 - \dfrac{130}{50\%} = 520 - 260 = 260$（万元）

当累计完成合同价值为260万元后，开始扣预付款。

C. 二月完成合同价值100万元，结算100万元。

D. 三月完成合同价值 150 万元，结算 150 万元，累计结算工程款 250 万元。

E. 四月完成合同价值 120 万元，到四月份累计完成合同价值 370 万元，超过了预付备料款的起扣点。

四月份应扣回的预付备料款：
$$（370-260）\times 50\%=55（万元）$$

四月份结算工程款：
$$120-55=65（万元）$$

累计结算工程款 315 万元。

F. 五月份完成合同价值 150 万元，应扣回预付备料款：
$$150\times 50\%=75（万元）$$

应扣 5% 的预留款：
$$520\times 5\%=26（万元）$$

五月份结算工程款为：
$$150-75-26=49（万元）$$

累计结算工程款 364 万元，加上预付备料款 130 万元，共结算 494 万元。预留合同总额的 5% 作为保留金。

任务 4.2 合同价款调整

学习目标

① 能够运用《建设工程工程量清单计价规范》(GB 50500—2013)确定合同价款调整范围及程序,计算合同价款调整造价。
② 掌握园林工程合同价款调整的规范规定。

任务分配(表 4-4)

表4-4 学生任务分配表

班级		组号		指导老师	
组长		学号			
组员	姓名	学号	分工			

工作准备

(1) 任务分析

园林工程的特殊性决定了工程造价不可能是固定不变的,在施工过程中政策和法规变化、工程变更、工程量清单变化等都会引起合同价格的变化。为了维护工程合同价款的合理性、合法性,减少履行合同时甲乙双方的纠纷,维护合同双方利益,合同价款必须做出一定的调整,以适应不断变化的合同状态。要做到合理合法调整合同价款，必须掌握合同价款调整程序、内容以及计算方法。

（2）知识准备

① 一般规定如下。

《建设工程工程量清单计价规范》（GB 50500—2013）中，以下事项（但不限于）发生时，发承包双方应当按照合同约定调整合同价款：

法律法规变化；工程变更；项目特征描述不符；工程量清单缺项；工程量偏差；物价变化；暂估价；计日工；现场签证；不可抗力；提前竣工（赶工补偿）；误期赔偿；施工索赔；暂列金额；发承包双方约定的其他调整事项。

A. 出现合同价款调增事项（不含工程量偏差、计日工、现场签证、施工索赔）后的14天内，承包人应向发包人提交合同价款调增报告并附上相关资料，若承包人在14天内未提交合同价款调增报告，视为承包人对该事项不存在调整价款。

B. 发包人应在收到承包人合同价款调增报告及相关资料之日起14天内对其核实，予以确认的应书面通知承包人。如有疑问，应向承包人提出协商意见。发包人在收到合同价款调增报告之日起14天内未确认也未提出协商意见的，视为承包人提交的合同价款调增报告已被发包人认可。发包人提出协商意见的，承包人应在收到协商意见后的14天内对其核实，予以确认的应书面通知发包人。如承包人在收到发包人的协商意见后14天内既不确认也未提出不同意见，视为发包人提出的意见已被承包人认可。

C. 如发包人与承包人对不同意见不能达成一致，只要不实质影响发承包双方履约，双方应实施该结果，直到其按照合同争议的解决被改变为止。

D. 出现合同价款调减事项（不含工程量偏差、施工索赔）后的14天内，发包人应向承包人提交合同价款调减报告并附相关资料，若发包人在14天内未提交合同价款调减报告，视为发包人对该事项不存在调整价款。

E. 经发承包双方确认调整的合同价款，作为追加（减）合同价款，与工程进度款或结算款同期支付。

② 法律法规变化相关规定如下。

A. 招标工程以投标截止日前28天为基准日，非招标工程以合同签订前28天为基准日，其后国家的法律、法规、规章和政策发生变化引起工程造价增减变化的，发承包双方应当按照省级或行业建设主管部门或其授权的工程造价管理机构据此发布的规定调整合同价款。

B. 由承包人原因导致工期延误，且上一条规定的调整时间在合同工程原定竣工时间之后，不予调整合同价款。

③ 工程变更相关规定如下。

A. 工程变更引起已标价工程量清单项目或其工程数量发生变化，应按照下列规定调整：

a. 已标价工程量清单中有适用于变更工程项目的，采用该项目的单价；但当工程变更导致该清单项目的工程数量发生变化，且工程量偏差超过15%时，该项目单价的调整应按照《建设工程工程量清单计价规范》(GB 50500—2013) 第 9.6.2 条的规定调整。

　　b. 已标价工程量清单中没有适用，但有类似于变更工程项目的，可在合理范围内参照类似项目的单价。

　　c. 已标价工程量清单中没有适用也没有类似于变更工程项目的，由承包人根据变更工程资料、计量规则和计价办法、工程造价管理机构发布的信息价格和承包人报价浮动率提出变更工程项目的单价，报发包人确认后调整。承包人报价浮动率可按下列公式计算：

　　招标工程：承包人报价浮动率 $L=(1-中标价/招标控制价)\times 100\%$；

　　非招标工程：承包人报价浮动率 $L=(1-报价值/施工图预算)\times 100\%$。

　　d. 已标价工程量清单中没有适用也没有类似于变更工程项目，且工程造价管理机构发布的信息价格缺价的，由承包人根据变更工程资料、计量规则、计价办法或通过市场调查等取得有合法依据的市场价格，提出变更工程项目的单价，报发包人确认后调整。

　　B. 工程变更引起施工方案改变，并使措施项目发生变化，承包人提出调整措施项目费的，应事先将拟实施的方案提交发包人确认，并详细说明与原方案措施项目相比的变化情况。拟实施的方案经发承包双方确认后执行。该情况下，应按照下列规定调整措施项目费：

　　a. 安全文明施工费，按照实际发生变化的措施项目调整。

　　b. 采用单价计算的措施项目费，按照实际发生变化的措施项目依《建设工程工程量清单计价规范》(GB 50500—2013) 第 9.3.1 条的规定确定单价。

　　c. 按总价（或系数）计算的措施项目费，按照实际发生变化的措施项目调整，但应考虑承包人报价浮动因素，即调整金额按照实际调整金额乘以《建设工程工程量清单计价规范》(GB 50500—2013) 第 9.3.1 条规定的承包人报价浮动率计算。如果承包人未事先将拟实施的方案提交给发包人确认，则视为工程变更不引起措施项目费的调整或承包人放弃调整措施项目费的权利。

　　C. 如果工程变更项目出现承包人在工程量清单中填报的综合单价与发包人招标控制价或施工图预算相应清单项目的综合单价偏差超过 15% 的情况，则工程变更项目的综合单价可由发承包双方按照下列规定调整：

　　a. 当 $P_0 < P_1 \times (1-L) \times (1-15\%)$ 时，该类项目的综合单价按照 $P_1 \times (1-L) \times (1-15\%)$ 调整。

　　b. 当 $P_0 > P_1 \times (1+15\%)$ 时，该类项目的综合单价按照 $P_1 \times (1+15\%)$ 调整。

　　式中，P_0 为承包人在工程量清单中填报的综合单价；P_1 为发包人招标控制价或施工预算相应清单项目的综合单价；L 为《建设工程工程量清单计价规范》(GB 50500—2013) 第 9.3.1 条定义的承包人报价浮动率。

　　D. 如果发包人提出的工程变更因为非承包人原因删减了合同中的某项原定工作或工程，致使承包人发生的费用或（和）得到的收益不能被包括在其他已支付或应支付的项目中，也未被包含在任何替代的工作或工程中，则承包人有权提出并得到合理的利润补偿。

④ 项目特征描述不符相关规定如下。

A. 承包人在招标工程量清单中对项目特征的描述,应被认为是准确的和全面的,并且与实际施工要求相符合。承包人应按照发包人提供的工程量清单,根据其项目特征描述的内容及有关要求实施合同工程,直到其被改变为止。

B. 合同履行期间,出现实际施工设计图纸(含设计变更)与招标工程量清单任一项目的特征描述不符,且该变化引起该项目的工程造价增减变化的,应按照实际施工的项目特征重新确定相应工程量清单项目的综合单价,计算调整的合同价款。

⑤ 工程量清单缺项相关规定如下。

A. 合同履行期间,出现招标工程量清单项目缺项的,发承包双方应调整合同价款。

B. 招标工程量清单中出现缺项,造成新增工程量清单项目的,应按照《建设工程工程量清单计价规范》(GB 50500—2013)第 9.3.1 条规定确定单价,调整分部分项工程费。

C. 招标工程量清单中分部分项工程出现缺项,引起措施项目发生变化的,应按照《建设工程工程量清单计价规范》(GB 50500—2013)第 9.3.2 条的规定,在承包人提交的实施方案被发包人批准后,计算调整的措施费用。

⑥ 工程量偏差相关规定如下。

A. 合同履行期间,出现工程量偏差,且符合《建设工程工程量清单计价规范》(GB 50500—2013)第 9.6.2、9.6.3 条规定的,发承包双方应调整合同价款。出现《建设工程工程量清单计价规范》(GB 50500—2013)第 9.3.3 条情形的,应先按照其规定调整,再按照本条规定调整。

B. 对于任一招标工程量清单项目,如果由本条规定的工程量偏差和 GB 50500—2013 第 9.3 条规定的工程变更等原因导致工程量偏差超过 15%,调整的原则为:当工程量增加 15% 以上时,其增加部分的工程量的综合单价应予调低;当工程量减少 15% 以上时,减少后剩余部分的工程量的综合单价应予调高。此时,按下列公式调整结算分部分项工程费:

a. 当 $Q_1 > 1.15Q_0$ 时,$S=1.15Q_0 \times P_0+(Q_1-1.15Q_0) \times P_1$;

b. 当 $Q_1 < 0.85Q_0$ 时,$S=Q_1 \times P_1$。

式中 S——调整后的某一分部分项工程费结算价;

Q_1——最终完成的工程量;

Q_0——招标工程量清单中列出的工程量;

P_1——按照最终完成工程量重新调整后的综合单价;

P_0——承包人在工程量清单中填报的综合单价。

C. 如果工程量出现《建设工程工程量清单计价规范》(GB 50500—2013)第 9.6.2 条所述变化,且该变化引起相关措施项目相应发生变化,如按系数或单一总价方式计价,则工程量增加的措施项目费调增,工程量减少的措施项目费适当调减。

⑦ 物价变化相关规定如下。

A. 合同履行期间，工程造价管理机构发布的人工、材料、工程设备和施工机械台班单价或价格与合同工程基准日期相应单价或价格比较出现涨落，且符合《建设工程工程量清单计价规范》（GB 50500—2013）第9.7.2、9.7.3条规定时，发承包双方应调整合同价款。

B. 按照《建设工程工程量清单计价规范》（GB 50500—2013）第9.7.1条规定，人工单价发生涨落的，应按照合同工程发生的人工数量和合同履行期与基准日期人工单价对比的价差的乘积计算或按照人工费调整系数计算调整的人工费。

C. 承包人采购材料和工程设备的，应在合同中约定可调材料、工程设备价格变化的范围或幅度，如没有约定，则按照《建设工程工程量清单计价规范》（GB 50500—2013）第9.7.1条规定，若材料、工程设备单价变化超过5%，施工机械台班单价变化超过10%，则超过部分的价格应予调整。该情况下，应按照价格系数调整法或价格差额调整法（具体方法见条文说明）计算调整的材料设备费和施工机械费。

D. 执行《建设工程工程量清单计价规范》（GB 50500—2013）第9.7.3条规定时，发生合同工程工期延误的，应按照下列规定确定合同履行期用于调整的价格或单价：

发包人原因导致工期延误时，计划进度日期后续工程的价格或单价，采用计划进度日期与实际进度日期两者的较高者；

承包人原因导致工期延误时，计划进度日期后续工程的价格或单价，采用计划进度日期与实际进度日期两者的较低者。

E. 承包人在采购材料和工程设备前，应向发包人提交一份能阐明采购材料和工程设备数量和新单价的书面报告。发包人应在收到承包人书面报告后的3个工作日内核实，并确认用于合同工程后，对承包人采购材料和工程设备的数量和新单价予以确定；发包人对此未确定也未提出修改意见的，视为承包人提交的书面报告已被发包人认可，作为调整合同价款的依据。承包人未经发包人确定即自行采购材料和工程设备，再向发包人提出调整合同价款，如发包人不同意，则合同价款不予调整。

F. 发包人供应材料和工程设备的，《建设工程工程量清单计价规范》（GB 50500—2013）第9.7.3、9.7.4、9.7.5条规定均不适用，由发包人按照实际变化调整，列入合同工程的工程造价内。

⑧ 暂估价相关规定如下。

A. 发包人在招标工程量清单中给定暂估价的材料、工程设备属于依法必须招标的，由发承包双方以招标的方式选择供应商。中标价格与招标工程量清单中所列的暂估价的差额以及相应的规费、税金等费用，应列入合同价格。

B. 发包人在招标工程量清单中给定暂估价的材料和工程设备不属于依法必须招标的，由承包人按照合同约定采购。经发包人确认的材料和工程设备价格与招标工程量清单中所列的暂估价的差额以及相应的规费、税金等费用，应列入合同价格。

C. 发包人在工程量清单中给定暂估价的专业工程不属于依法必须招标的，应按照《建设工程工程量清单计价规范》（GB 50500—2013）第 9.3 节相应条款的规定确定专业工程价款。经确认的专业工程价款与招标工程量清单中所列的暂估价的差额以及相应的规费、税金等费用，应列入合同价格。

D. 发包人在招标工程量清单中给定暂估价的专业工程，依法必须招标的，应当由发承包双方依法组织招标，选择专业分包人，并接受有管辖权的建设工程招标投标管理机构的监督。除合同另有约定外，承包人不参与投标的专业工程分包招标，应由承包人作为招标人，但招标文件评标工作、评标结果应报送发包人批准。与组织招标工作有关的费用应当被认为已经包括在承包人的签约合同价（投标总报价）中。承包人参加投标的专业工程分包招标，应由发包人作为招标人，与组织招标工作有关的费用由发包人承担。同等条件下，应优先选择承包人中标。

E. 专业工程分包中标价格与招标工程量清单中所列的暂估价的差额以及相应的规费、税金等费用，应列入合同价格。

⑨ 计日工相关规定如下。

A. 发包人通知承包人以计日工方式实施的零星工作，承包人应予执行。

B. 对采用计日工计价的任何一项变更工作，承包人应在该项变更的实施过程中，每天提交以下报表和有关凭证送发包人复核：

工作名称、内容和数量；投入该工作的所有人员的姓名、工种、级别和耗用工时；投入该工作的材料名称、类别和数量；投入该工作的施工设备型号、台数和耗用台时；发包人要求提交的其他资料和凭证。

C. 任一计日工项目持续进行时，承包人应在该项工作实施结束后的 24 小时内，向发包人提交有计日工记录汇总的现场签证报告一式三份。发包人在收到承包人提交现场签证报告后的 2 天内予以确认并将其中一份返还给承包人，作为计日工计价和支付的依据。发包人逾期未确认也未提出修改意见的，视为承包人提交的现场签证报告已被发包人认可。

D. 任一计日工项目实施结束，发包人应按照确认的计日工现场签证报告核实该类项目的工程数量，并根据核实的工程数量和承包人已标价工程量清单中的计日工单价计算，提出应付价款；已标价工程量清单中没有该类计日工单价的，由发承包双方按《建设工程工程量清单计价规范》（GB 50500—2013）第 9.3 节的规定商定计日工单价计算。

每个支付期末，承包人应按照《建设工程工程量清单计价规范》（GB 50500—2013）第 10.4 节的规定向发包人提交本期间所有计日工记录的签证汇总表，以说明本期间自己认为有权得到的计日工价款，列入进度款支付。

⑩ 现场签证相关规定如下。

A. 承包人应发包人要求完成合同以外的零星项目、非承包人责任事件等工作的，发包人应及时以书面形式向承包人发出指令，提供所需的相关资料；承包人在收到指令后，应及时向发包人提出现场签证要求。

B. 承包人应在收到发包人指令后的 7 天内，向发包人提交现场签证报告，报告中应写明所需的人工、材料和施工机械台班的消耗量等内容。发包人应在收到现场签证报告后的48小时内对报告内容进行核实,予以确认或提出修改意见。发包人在收到承包人现场签证报告后的48小时内未确认也未提出修改意见的,视为承包人提交的现场签证报告已被发包人认可。

C. 现场签证的工作如已有相应的计日工单价,则现场签证中应列明完成该类项目所需的人工、材料、工程设备和施工机械台班的数量。如现场签证的工作没有相应的计日工单价,应在现场签证报告中列明完成该签证工作所需的人工、材料设备和施工机械台班的数量及其单价。

D. 合同工程发生现场签证事项,未经发包人签证确认,承包人便擅自施工的,除非征得发包人同意,否则发生的费用由承包人承担。

E. 现场签证工作完成后的7天内,承包人应按照现场签证内容计算价款,报送发包人确认后,作为追加合同价款,与工程进度款同期支付。

⑪ 不可抗力相关规定如下。

A. 对于由不可抗力事件导致的费用,发、承包双方应按以下原则分别承担并调整工程价款。

a. 工程本身的损害、由工程损害导致的第三方人员伤亡和财产损失以及运至施工场地用于施工的材料和待安装的设备的损害,由发包人承担;

b. 发包人、承包人人员伤亡由其所在单位负责,并承担相应费用;

c. 承包人的施工机械设备损坏及停工损失,由承包人承担;

d. 停工期间,承包人应发包人要求留在施工场地的必要的管理人员及保卫人员的费用由发包人承担;

e. 工程所需清理、修复费用,由发包人承担。

⑫ 提前竣工(赶工补偿)相关规定如下。

A. 发包人要求承包人提前竣工,应征得承包人同意后与承包人商定采取加快工程进度的措施,并修订合同工程进度计划。

B. 合同工程提前竣工,发包人应承担承包人由此增加的费用,并按照合同约定向承包人支付提前竣工(赶工补偿)费。

C. 发承包双方应在合同中约定提前竣工每日历天应补偿额度。除合同另有约定外,提前竣工补偿的最高限额为合同价款的5%。此项费用列入竣工结算文件中,与结算款一并支付。

⑬ 误期赔偿相关规定如下。

A. 如果承包人未按照合同约定施工,导致实际进度迟于计划进度,发包人应要求承包人加快进度,实现合同工期。合同工程发生误期,承包人应赔偿发包人由此产生的损失,并按照合同约定向发包人支付误期赔偿费。即使承包人支付误期赔偿费,也不能免除承包人按照合同约定应承担的任何责任和应履行的任何义务。

B. 发承包双方应在合同中约定误期赔偿费,明确每日历天应赔额度。除合同另有约定外,误期赔偿费的最高限额为合同价款的5%。误期赔偿费列入竣工结算文件中,在结算款中扣除。

C. 如果在工程竣工之前,合同工程内的某单位工程已通过了竣工验收,且该单位工程接收证书中表明的竣工日期并未延误,而是合同工程的其他部分产生了工期延误,则误期赔偿费应按照已颁发工程接收证书的单位工程造价占合同价款的比例幅度予以扣减。

⑭ 施工索赔相关规定如下。

A. 合同一方向另一方提出索赔时,应有正当的索赔理由和有效证据,并应符合合同的相关约定。

B. 根据合同约定,承包人认为非承包人原因导致的事件造成了承包人的损失,应按以下程序向发包人提出索赔:

a. 承包人应在索赔事件发生后 28 天内,向发包人提交索赔意向通知书,说明发生索赔事件的事由。承包人逾期未发出索赔意向通知书的,丧失索赔的权利。

b. 承包人应在发出索赔意向通知书后 28 天内,向发包人正式提交索赔通知书。索赔通知书应详细说明索赔理由和要求,并附必要的记录和证明材料。

c. 索赔事件具有连续影响的,承包人应继续提交延续索赔通知,说明连续影响的实际情况和记录。

d. 在索赔事件影响结束后的 28 天内,承包人应向发包人提交最终索赔通知书,说明最终索赔要求,并附必要的记录和证明材料。

C. 承包人索赔应按下列程序处理:

a. 发包人收到承包人的索赔通知书后,应及时查验承包人的记录和证明材料。

b. 发包人应在收到索赔通知书或有关索赔的进一步证明材料后的 28 天内,将索赔处理结果答复承包人,如果发包人逾期未作出答复,视为承包人索赔要求已经发包人认可。

c. 承包人接受索赔处理结果的,索赔款项在当期进度款中进行支付;承包人不接受索赔处理结果的,按合同约定的争议解决方式办理。

D. 承包人要求赔偿时,可以选择以下一项或几项方式获得赔偿:

a. 延长工期;

b. 要求发包人支付实际发生的额外费用;

c. 要求发包人支付合理的预期利润;

d. 要求发包人按合同的约定支付违约金。

E. 若承包人的费用索赔与工期索赔要求相关联,发包人在作出费用索赔的批准决定时,应结合工程延期,综合作出费用赔偿和工程延期的决定。

F. 发承包双方在按合同约定办理了竣工结算后,应被认为承包人已无权再提出竣工结算前所发生的任何索赔。承包人在提交的最终结清申请中,只限于提出竣工结算后的索赔,提出索赔的期限自发承包双方最终结清时终止。

G. 根据合同约定,发包人认为由于承包人的原因造成发包人的损失,应参照承包人索赔的程序进行索赔。

H. 发包人要求赔偿时,可以选择以下一项或几项方式获得赔偿:

a. 延长质量缺陷修复期限;

b. 要求承包人支付实际发生的额外费用;

c. 要求承包人按合同的约定支付违约金。

I. 承包人应付给发包人的索赔金额可从拟支付给承包人的合同价款中扣除,或由承包人以其他方式支付给发包人。

⑮ 暂列金额相关规定如下。

A. 已签约合同价中的暂列金额由发包人掌握使用。

B. 发包人按照《建设工程工程量清单计价规范》(GB 50500—2013)第9.1～9.14节的规定支付后,暂列金额如有余额归发包人。

笔记

任务 4.3 园林工程价款结算

学习目标

① 熟练掌握工程结算款流程。
② 能根据园林工程结算款计算方法熟练计算工程结算款。
③ 能计算工程结算款结算结果,完成竣工结算款支付申请表填写。

任务书

某园林绿化工程业主与承包商签订了工程施工承包合同,工期为 6 个月,合同价为 380 万元,有关付款条款如下:

① 开工前业主应向承包商支付合同价的 20% 作为工程预付款;

② 业主从第一个月开始,从承包商的工程款中,按 5% 的比例扣留质量保证金;

③ 工程预付款从累计已完成工程款超过合同价 30% 后的下一个月起,至第 5 个月均匀扣除。

每个月实际完成工程量如表 4-5 所示。

表4-5　每个月实际完成工程量

月份	1月	2月	3月	4月	5月	6月
完成工程量/万元	68	70	75	50	62	55

根据合同约定付款条款和《建设工程工程量清单计价规范》(GB 50500—2013)相关规定,完成本园林竣工结算款计算。

任务分配（表 4-6）

表4-6 学生任务分配表

班级		组号		指导老师	
组长		学号			
组员	姓名	学号	分工		

工作准备

（1）任务分析

① 本任务是工程量清单报价签订合同，竣工结算需按照工程量清单计价进行。

② 要明确竣工结算与预付款、进度支付款关系，理解相互间的计算关系，明确计算过程中的数据来源。

③ 根据合同约定调整，计算出相应的金额，形成最终的结算价。

（2）知识准备

工程价款结算是指施工单位与建设单位之间根据双方签订合同（含补充协议）进行的工程合同价款结算。《建设工程工程量清单计价规范》（GB 50500—2013）对工程价款结算有以下相关规定。

① 合同工程完工后，承包人应在经发承包双方确认的合同工程期中价款结算的基础上汇总编制完成竣工结算文件，应在提交竣工验收申请的同时向发包人提交竣工结算文件。承包人未在合同约定的时间内提交竣工结算文件，经发包人催告后14天内仍未提交或没有明确答复的，发包人有权根据已有资料编制竣工结算文件，作为办理竣工结算和支付结算款的依据，承包人应予以认可。

② 发包人应在收到承包人提交的竣工结算文件后的 28 天内核对。若发包人经核实，认为承包人应进一步补充资料和修改结算文件，应在上述时限内向承包人提出核实意见，承包人在收到核实意见后 28 天内应按照发包人提出的合理要求补充资料，修改竣工结算文件，并应再次提交给发包人复核后批准。

③发包人应在收到承包人再次提交的竣工结算文件后的 28 天内予以复核，将复核结果通知承包人，并应遵守下列规定：

A. 发包人、承包人对复核结果无异议的，应在 7 天内在竣工结算文件上签字确认，竣工结算办理完毕；

B. 发包人或承包人对复核结果认为有误的，无异议部分按照上一段规定办理不完全竣工结算；有异议部分由发承包双方协商解决；协商不成的，应按照合同约定的争议解决方式处理。

④ 发包人在收到承包人竣工结算文件后的28天内，不核对竣工结算或未提出核对意见的，应视为承包人提交的竣工结算文件已被发包人认可，竣工结算办理完毕。

⑤ 承包人在收到发包人提出的核实意见后的28天内，不确认也未提出异议的，应视为发包人提出的核实意见已被承包人认可，竣工结算办理完毕。

⑥ 发包人委托工程造价咨询人核对竣工结算的，工程造价咨询人应在28天内核对完毕，核对结论与承包人竣工结算文件不一致的，应提交给承包人复核；承包人应在14天内将同意核对结论或不同意见的说明提交给工程造价咨询人。工程造价咨询人收到承包人提出的异议后，应再次复核，复核无异议的，应按③A款规定办理，复核后仍有异议的，按③B款规定办理。承包人逾期未提出书面异议的，应视为工程造价咨询人核对的竣工结算文件已经承包人认可。

⑦ 对发包人或发包人委托的工程造价咨询人指派的专业人员与承包人指派的专业人员经核对后无异议并签名确认的竣工结算文件，除非发承包人能提出具体、详细的不同意见，发承包人都应在竣工结算文件上签名确认，如其中一方拒不签认，按下列规定办理：

A. 若发包人拒不签认，承包人可不提供竣工验收备案资料，并有权拒绝与发包人或其上级部门委托的工程造价咨询人重新核对竣工结算文件。

B. 若承包人拒不签认，发包人要求办理竣工验收备案的，承包人不得拒绝提供竣工验收资料，否则，由此造成的损失，承包人承担相应责任。

⑧ 合同工程竣工结算核对完成，发承包双方签字确认后，发包人不得要求承包人与另一个或多个工程造价咨询人重复核对竣工结算。

⑨ 发包人对工程质量有异议，拒绝办理工程竣工结算时，已竣工验收或已竣工未验收但实际投入使用的工程，其质量争议应按该工程保修合同执行，竣工结算应按合同约定办理；对已竣工未验收且未实际投入使用的工程以及停工、停建工程的质量争议，双方应就有争议的部分委托有资质的检测鉴定机构进行检测，并应根据检测结果确定解决方案，或按工程质量监督机构的处理决定执行后办理竣工结算，无争议部分的竣工结算应按合同约定办理。

（3）结算款支付

① 承包人应根据办理的竣工结算文件向发包人提交竣工结算款支付申请，申请内容应包括竣工结算合同价款总额、累计已实际支付的合同价款、应预留的质量保证金、实际应支付的竣工结算款金额。

② 发包人应在收到承包人提交的竣工结算款支付申请后7天内予以核实，向

承包人签发竣工结算支付证书。

③ 发包人签发竣工结算支付证书后的14天内，应按照竣工结算支付证书列明的金额向承包人支付结算款。

④ 发包人在收到承包人提交的竣工结算款支付申请后7天内不予核实，不向承包人签发竣工结算支付证书的，视为承包人的竣工结算款支付申请已被发包人认可；发包人应在收到承包人提交的竣工结算款支付申请7天后的14天内，按照承包人提交的竣工结算款支付申请列明的金额向承包人支付结算款。

⑤ 若发包人未按照规范规定支付竣工结算款，承包人可催告发包人支付，并有权获得延迟支付的利息。若发包人在竣工结算支付证书签发后或者在收到承包人提交的竣工结算款支付申请7天后的56天内仍未支付，除法律另有规定外，承包人可与发包人协商将该工程折价，也可直接向人民法院申请将该工程依法拍卖。承包人应就该工程折价或拍卖的价款优先受偿。

（4）质量保证金

① 发包人应按照合同约定的质量保证金比例从结算款中预留质量保证金。

② 若承包人未按照合同约定履行属于自身责任的工程缺陷修复义务，发包人有权从质量保证金中扣除用于缺陷修复的各项支出。经查验，工程缺陷属于发包人原因造成的，应由发包人承担查验和缺陷修复的费用。

③ 在合同约定的缺陷责任期终止后，发包人应按照规定，将剩余的质量保证金返还给承包人。

（5）最终结清

① 缺陷责任期终止后，承包人应按照合同约定向发包人提交最终结清支付申请。发包人对最终结清支付申请有异议的，有权要求承包人进行修正和提供补充资料。承包人修正后，应再次向发包人提交修正后的最终结清支付申请。

② 发包人应在收到最终结清支付申请后的14天内予以核实，并应向承包人签发最终结清支付证书。

③ 发包人应在签发最终结清支付证书后的14天内，按照最终结清支付证书列明的金额向承包人支付最终结清款。

④ 发包人未在约定的时间内核实，又未提出具体意见的，应视为承包人提交的最终结清支付申请已被发包人认可。

⑤ 若发包人未按期最终结清支付，承包人可催告发包人支付，并有权获得延迟支付的利息。

⑥ 最终结清时，若承包人被预留的质量保证金不足以抵减发包人工程缺陷修复费用，承包人应承担不足部分的补偿责任。

⑦ 承包人对发包人支付的最终结清款有异议的，应按照合同约定的争议解决方式处理。

（6）任务实施

① 步骤：读题—计算预付款—计算每月支付款—计算工程结算款。

② 项目案例：某绿化工程，合同价款总额为 95.4 万元，施工合同规定预付备料款为合同价款的 25%，主要材料为工程价款的 60%，5% 保证金在竣工结算月一次扣留，各月实际完成的工程内容见表 4-7，求 9 月办理竣工结算时该工程工程结算款。

表4-7　各月实际完成工程内容

月份	7月	8月	9月
完成工程量/万元	32.7	25.8	36.9

第一步：收集资料。资料包括：①竣工图纸，②结算款计算方法，③取费标准，④其他有关文件。

第二步：根据合同约定，计算工程结算款。

预付备料款 =95.4×25%=23.85（万元）

起扣点 =95.4−23.85/60%=55.65（万元）

7月：结算工程款 32.7 万元，累计完成 32.7 万元。

8月：结算工程款 25.8−(32.7+25.8−55.65)×60%=24.09（万元），累计完成 32.7+24.09=56.79（万元）。

9月：甲方应支付的结算工程款为 95.4−56.79−95.4×5%−23.85=9.99（万元）。

任务引导

① 工程预付款的计算。

② 计算预付款从第几个月起扣留、每个月应扣工程预付款。

③ 计算每月支付款。

④ 计算第 6 个月业主应支付给承包商的竣工结算工程款。

笔记

任务 4.4 竣工决算

 学习目标

① 了解园林工程竣工决算的内容。
② 能参与编制竣工决算报表。

 任务书

项目竣工时,应编制建设项目竣工财务决算,根据相关知识,了解竣工决算的编制。

 任务分配(表 4-8)

表4-8 学生任务分配表

班级		组号		指导老师	
组长		学号			
组员	姓名	学号	分工		

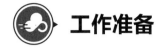 **工作准备**

(1) 任务分析

① 园林工程竣工验收和结算已经完毕，建设单位拟编制竣工决算来核算建设项目实际造价和投资效果。本任务是学习相关知识，了解竣工决算的编制。

② 明确竣工决算包括建设项目从筹建到竣工投产全过程的全部实际支出的费用，即工程费用、工程建设其他费用、预备费、建设期贷款利息等。

③ 学习竣工财务决算说明书、竣工财务决算报表、建设工程竣工图和工程造价对比分析四部分内容，了解竣工决算的编制步骤。

(2) 知识准备

① 建设项目竣工决算的概念：项目竣工决算是指所有项目竣工后，项目单位按照国家有关规定在项目竣工验收阶段编制的竣工决算报告。竣工决算是以实物数量和货币指标为计量单位，综合反映竣工建设项目全部建设费用、建设成果和财务状况的总结性文件，是竣工验收报告的重要组成部分。竣工决能够正确反映建设工程的实际造价和投资结果；通过竣工决算与概算、预算的对比分析，考核投资控制的工作成效，为工程建设提供重要的技术经济方面的基础资料，提高未来工程建设的投资效益。

② 建设项目竣工决算的作用如下。

A. 建设项目竣工决算是综合全面地反映竣工项目建设成果及财务情况的总结性文件，它采用货币指标、实物数量、建设工期和各种技术经济指标综合、全面地反映建设项目自开始建设到竣工为止全部建设成果和财务状况。

B. 建设项目竣工决算是办理交付使用和交付资产的依据，也是竣工验收报告的重要组成部分。建设单位与使用单位在办理交付资产的验收交接手续时，通过竣工决算反映了交付使用资产的全部价值，包括固定资产、流动资产和其他资产的价值。及时编制竣工决算可以正确核定固定资产价值并及时办理交付使用，可缩短工程建设周期，节约建设项目投资，准确考核和分析投资效果。它可作为建设主管部门向企业使用单位移交财产的依据。

C. 建设项目竣工决算是分析和检查设计概算的执行情况，考核建设项目管理水平和投资效果的依据。竣工决算反映了竣工项目计划、实际的建设规模、建设工期以及实际设计的生产能力，反映了概算总投资和实际的建设成本，同时还反映了所达到的主要技术经济指标。通过对这些指标计划数、概算数与实际数进行对比分析，不仅可以全面掌握建设项目计划和概算执行情况，而且可以考核建设项目投资效果，为今后制订建设项目计划，降低建设成本，提高投资效果提供必要的参考资料。

③ 竣工决算的内容：建设项目竣工决算应包括从筹备到竣工投产全过程的全部实际费用，即包括建筑工程费、安装工程费、设备工器具购置费用及预备费等费用。根据财政部、国家发展和改革委员会、住房和城乡建设部的有关文件规定，竣工决算是由竣工财务决算说明书、竣工财务决算报表、建设工程竣工图和工程造价对比分析四部分组成。其中竣工财务决算说明书和竣工财务决算报表两部分又称建设项目竣工财务决算，是竣工决算的核心内容。竣工财务决算是正确核定项目资产价值、反映竣工项目建设成果的文件，是办理资产移交和产权登记的依据。

A. 竣工财务决算说明书。竣工财务决算说明书主要反映竣工工程建设成果和经验，是对竣工决算报表进行分析和补充说明的文件，是全面考核分析工程投资与造价的书面总结，是竣工决算报告的重要组成部分，其内容主要包括：

a. 项目概况。一般从进度、质量、安全和造价方面进行分析说明。进度方面主要说明开工和竣工时间，对照合理工期和要求工期分析是提前还是延期；质量方面主要根据竣工验收委员会或相当一级质量监督部门的验收评定等级、合格率和优良品率；安全方面主要根据劳动工资和施工部门的记录，对有无设备和人身事故进行说明；造价方面主要对照概算造价，说明节约或超支的情况，用金额和百分率进行分析说明。

b. 项目建设资金计划及到位情况，财政资金支出预算、投资计划及到位情况。项目建设资金使用、项目结余资金等分配情况。

c. 项目概（预）算执行情况及分析，竣工实际完成投资与概算差异及原因分析。

d. 尾工工程情况。项目一般不得预留尾工工程，确需预留尾工工程的，尾工工程投资不得超过批准的项目概（预）算总投资的 5%。

e. 主要技术经济指标的分析、计算情况。概算执行情况分析，根据实际投资完成额与概算进行对比分析；新增生产能力的效益分析，说明交付使用财产占总投资额的比例，不增加固定资产的造价占投资总额的比例，分析有机构成和成果。

f. 预备费动用情况。

g. 征地拆迁补偿情况、移民安置情况。

h. 项目管理经验、主要问题和建议。

i. 需说明的其他事项。

B. 竣工财务决算报表。建设项目竣工财务决算报表包括：封面、基本建设项目概况表、基本建设项目竣工财务决算表、基本建设项目资金情况明细表、基本建设项目交付使用资产总表、基本建设项目交付使用资产明细表、待摊投资明细表、待核销基建支出明细表、转出投资明细表等。

C. 建设工程竣工图。建设工程竣工图是真实地记录各种地上、地下建筑物、构筑物等情况的技术文件，是工程进行交工验收、维护、改建和扩建的依据，是国家的重要技术档案。全国各建设、设计、施工单位和各主管部门都要认真做好竣工图的编制工作。

国家规定：各项新建、扩建、改建的基本建设工程，特别是基础、地下建筑、管线、结构、井巷、桥梁、隧道、港口、水坝以及设备安装等隐蔽部位，都要编制竣工图。为确保竣工图质量，必须在施工过程中（不能在竣工后）及时做好隐蔽工程检查记录，整理好设计变更文件。

D. 工程造价对比分析。对控制工程造价所采取的措施、效果及其动态的变化需要进行认真的比较对比，总结经验教训。批准的概算是考核建设工程造价的依据。在分析时，可先对比整个项目的总概算，然后将建筑安装工程费、设备工器具费和其他工程费用逐一与竣工决算表中所提供的实际数据和相关资料及批准的概算、预算指标，实际的工程造价进行对比分析，以确定竣工项目总造价是节约还是超支，并在对比的基础上，总结先进经验，找出节约和超支的内容和原因，提出改进措施。在实际工作中，应主要分析以下内容：

a. 考核主要实物工程量。对于实物工程量出入比较大的情况，必须查明原因。

b. 考核主要材料消耗量。在建筑安装工程投资中，材料费一般占直接工程费70%左右，所以要按照竣工决算表中所列明的三大材料实际超概算的消耗量，查明是在工程的哪个环节超出量最大，再进一步查明超耗的原因。

c. 考核建设单位管理费、措施费和间接费的取费标准。建设单位管理费、措施费和间接费的取费标准要按照国家和各地的有关规定，根据竣工决算报表中所列的建设单位管理费与概预算所列的建设单位管理费数额进行比较，依据规定查明多列或少列的费用项目，确定其节约超支的数额，并查明原因。

d. 主要工程子目的单价和变动情况。在工程项目的投标报价或施工合同中，项目的子目单价早已确定，但由于施工过程或设计的变化等原因，经常会出现单价变动或新增加子目单价如何确定的问题。因此，要对主要工程子目的单价进行核对，对新增子目的单价进行分析检查，如发现异常应查明原因。

 任务实施

建设项目投入使用后，应当在3个月内编制竣工决算；特殊情况确需延长，中小型项目不得超过2个月，大型项目不得超过6个月。

（1）前期工作准备

在编制竣工决算文件前期，了解建设项目的基本情况，整理所有的技术资料、经济文件、施工图纸和变更签证材料，并保证资料的准确性和完整性。

（2）竣工决算报表编制

① 收集资料后，要核对账目，核查库存实物的数量，确保账物相等，核实结余的材料与设备，妥善保管，按规定处理，收回资金；

② 与相关部门分析实际支出与批复概算的对比，将竣工资料与设计图查对、核实，确认实际变更情况，重新核定工程造价；

③ 编制工程竣工决算报告、基本建设项目竣工决算报表及附表、竣工财务决

算说明书、相关附件等；

④ 经复核后，出具正式工程竣工决算编制成果文件。

（3）资料归档

① 资料分类整理，形成电子档案；

② 资料核对无误，打印，装订成归档纸质资料；

③ 根据要求上报主管部门审查，抄送有关设计单位，并把其中财务成本部分送开户银行签证。

 任务引导

思考竣工决算内容及编制程序。

笔记

附录 A
某园林景观工程施工图（项目 3）

项目名称：某园林景观工程

设计阶段： 施 工 图
专　　业： 园林景观

2022年10月

图 纸 目 录

序号	图纸名称	图号	图幅	备注
01	封面	ZS-01	A2	
02	图纸目录	ZS-02	A2	
03	设计说明	LS-01	A2	
04	绿化总平面图	LS-02	A2	
05	乔木种植网格放线定位图	LS-03	A2	
06	灌木种植网格放线定位图	LS-04	A2	
07	地被种植网格放线定位图	LS-05	A2	
08	苗木汇总表	JS-01	A2	
09	园建总平面图	JS-05	A2	
10	园路铺装及构造大样、花岗岩条石、石材铺装构造大样	JS-02	A2	
11	假山	JS-03	A2	
12	景墙平面、立面、剖面大样图	JS-04	A2	
13	围墙平面、立面、剖面图	JS-05	A2	
14	围墙结构图		A2	

园林景观工程施工图设计说明

1. 工程建设规模
工程概况：本工程为某园林景观工程，建设地点位于广东省。
建设规模：本次施工重要观用地面积约25445平方米，其中绿化面积10318平方米。

2. 设计总则
2.1 本工程采用1985国家高程。
2.2 本工程图纸所注尺寸，除总平面图和标高以米（m）为单位外，其余均以毫米（mm）为单位。
2.3 本工程设计中所指标高应为设计成型高度。
2.4 本工程设计中所注材料配合比除注明质量比外，其余均为体积比。
2.5 本工程各种材料施工法标注解释自上而下：垂直面上以上先后次序注写；水平面上按标注的下层效注足。

3. 材料
采用材料除图中注明者外，钢筋为HPB300、HRB400级钢筋，镶嵌砂浆为M5，石材采用花岗岩等；素混凝土为C25，素基墓土次C15，砾石基础土次C20，砖（非耕土）强度>MU10，水泥砂浆的强度等级M5，石材采用花岗岩等见图纸桩。

4. 绿化种植要求
绿地养护：绿化工程完工后，绿化养护期为一年（或送保养期3个月，保存率不少于95%个月）；苗木成活率≥95%以上开可实工验收。

5. 苗木土球及棵（带长）及树木支撑（附图）
乔木根标准的大直径池土球大两差逸，具体尺寸如下：

乔木（胸高×冠幅）/（cm×cm）	60×40	80×60	100×80	120×100
乔木胸径/cm	—	2~3	3~4	5~6
土球直径/cm	20	30	40	50
树穴（底面直径×深）/（cm×cm×cm）	40×30×30	50×40×40	60×50×50	80×60×60
乔木胸径/cm	7~8	9~10	11~12	13~15
土球直径/cm	60	70	80	90
树穴（底面直径×深）/（cm×cm×cm）	90×70×70	100×80×80	110×90×90	120×100×100
乔木胸径/cm	16~17	18~20	21~23	25~27
土球直径/cm	100	110	120	130
树穴（底面直径×深）/（cm×cm×cm）	130×110×110	140×120×120	150×130×130	160×140×140
乔木胸径/cm	29~31	32~34	35~37	40~45
土球直径/cm	150	180	200	220
树穴（底面直径×深）/（cm×cm×cm）	180×160×160	210×190×190	240×210×210	250×230×230
乔木胸径/cm	50~55	60~65	65以上（古树）	
土球直径/cm	230	240	250	
树穴（底面直径×深）/（cm×cm×cm）	260×240×240	280×250×250	300×260×260	

附录A　某园林景观工程施工图（项目3）

附录A 某园林景观工程施工图（项目3）

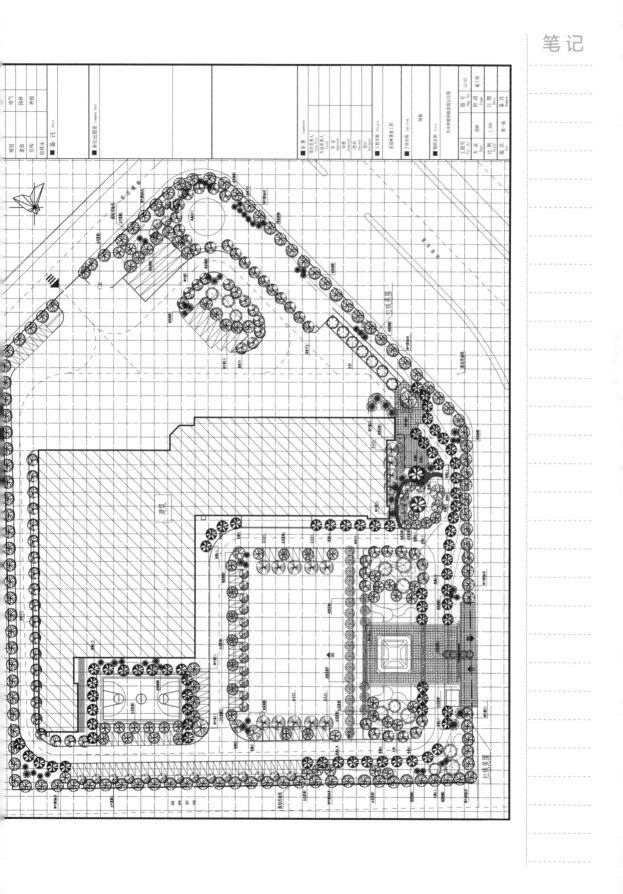

附录A 某园林景观工程施工图（项目3）

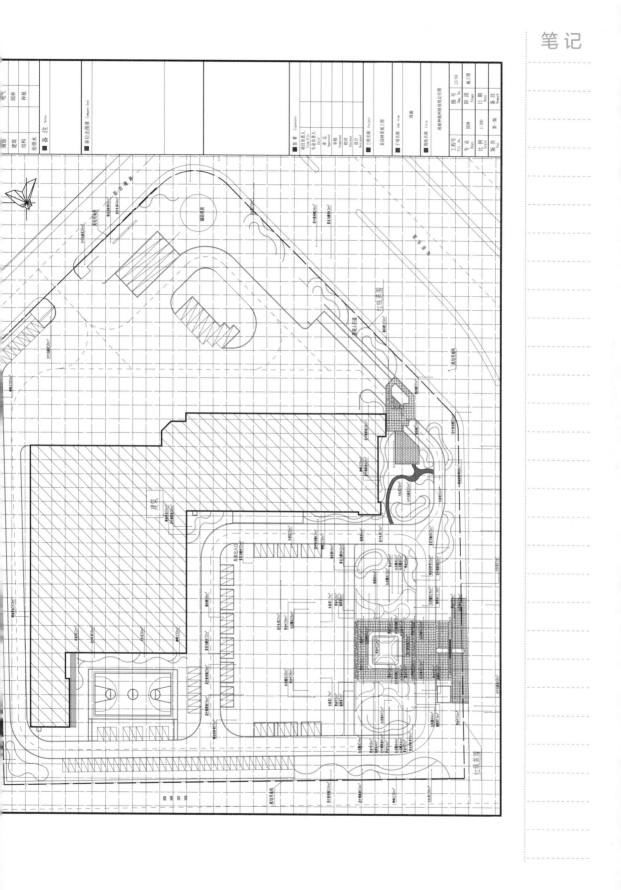

附录A 某园林景观工程施工图（项目3）

苗木汇总表

编号	图例	苗木名称 中文名称	苗木规格 φ胸径 (cm)	苗木规格 H高 (cm)	苗木规格 W冠幅 (cm)	数量	备注
1		金枣子	15-18	>550	>300	68 株	树型优美
2		香樟A	30-35	>650	>350	4 株	树型优美
3		香樟B	20-25	>600	>300	8 株	树型优美
4		木棉A	40-45	>700	>350	4 株	不截顶，树型饱满
5		木棉B	25-30	>600	>300	8 株	不截顶，树型饱满
6		细叶榕A	50-60	>600	>350	3 株	树型饱满
7		细叶榕B	12-13	>400	>250	127 株	定干高>2.5m
8		芒果	16-18	>550	>300	7 株	不截顶，树型饱满
9		鸡冠刺桐	11-12	>350	>200	7 株	树型优美，主分枝：3枝以上
10		细叶榄仁	12-13	>600	>300	11 株	不截顶，5层以上
11		红花紫荆	11-12	>400	>250	47 株	树型饱满
12		白玉兰	10-12	>450	>250	37 株	树型饱满
13		大叶紫薇	11-12	>410	>250	34 株	树型饱满
14		秋枫A	12-13	>450	>250	75 株	树型饱满
15		秋枫B	55-60	>600	>350	3 株	树型饱满
16							
17							
18							
19							
20							
21							
22							
23							
24							
25							

编号	图例	苗木名称 中文名称	苗木规格 φ胸径 (cm)	苗木规格 H高 (cm)	苗木规格 W冠幅 (cm)	数量	备注
26		海南蒲桃	地径：18-20	200-250	>130	35 株	速生好，7枝以上
27		细叶紫薇	—	130-150	>120	67 株	树型好，主分枝：3枝以上
28		鸡蛋花（黄花）	地径：—	220-250	>150	26 株	树型优，4枝以以上枝
29		红花檵		苗高×冠幅(m)：1.0×1.2		21 株	球形，有脚叶
30		红花檵木		苗高×冠幅(m)：1.0×1.0		78 株	球形，有脚叶
31		大红花		苗高×冠幅(m)：1.3×1.0		141 株	球形，有脚叶
32		幸福树苗		苗高×冠幅(m)：1.2×1.2		20 株	球形，有脚叶
33		含笑		苗高×冠幅(m)：1.0×1.0		69 株	球形，有脚叶
34		大叶龙船花		苗高×冠幅(m)：0.25×0.2		93 m²	5斤袋，25株/m²
35		花叶鹅掌柴		苗高×冠幅(m)：0.25×0.2		391 m²	5斤袋，25株/m²
36		红花檵木		苗高×冠幅(m)：0.35×0.3		142 m²	5斤袋，25株/m²
37		春羽刺		苗高×冠幅(m)：0.35×0.3		195 m²	5斤袋，25株/m²
38		黄金叶		苗高×冠幅(m)：0.25×0.2		115 m²	5斤袋，25株/m²
39		长春花		苗高×冠幅(m)：0.25×0.25		114 m²	5斤袋，25株/m²
40		花叶良姜		苗高×冠幅(m)：0.25×0.2		58 m²	5斤袋，25株/m²
41		蜘蛛兰		苗高×冠幅(m)：0.3×0.3		66 m²	5斤袋，36株/m²
42		斑叶露兜		苗高×冠幅(m)：0.25×0.2		176 m²	5斤袋，25株/m²
43		花叶假连翘		苗高×冠幅(m)：0.25×0.2		210 m²	5斤袋，25株/m²
44		金边马尾铁		苗高×冠幅(m)：0.15×0.12		194 m²	5斤袋，25株/m²
45		春羽细叶竹		苗高×冠幅(m)：0.25×0.2		97 m²	3斤袋，36株/m²
46		福建茶		苗高×冠幅(m)：0.25×0.2		12 m²	5斤袋，25株/m²
47		大红花		苗高×冠幅(m)：0.25×0.2		231 m²	5斤袋，25株/m²
48		满地黄金				206 m²	满铺
49		台湾草		30cm×30cm/件，件装式		4250 m²	满铺
50							

注：1. 绿化总面积为：10318 m²。
2. 绿化种植土为：4127.2 m³（土层厚平均80.4m计）。
3. 以上苗木皆多次移栽半年以上的"熟植苗"，落、>20cm的苗木"熟植苗"；苗木冠幅以主分枝计，树干分枝3枝以上。

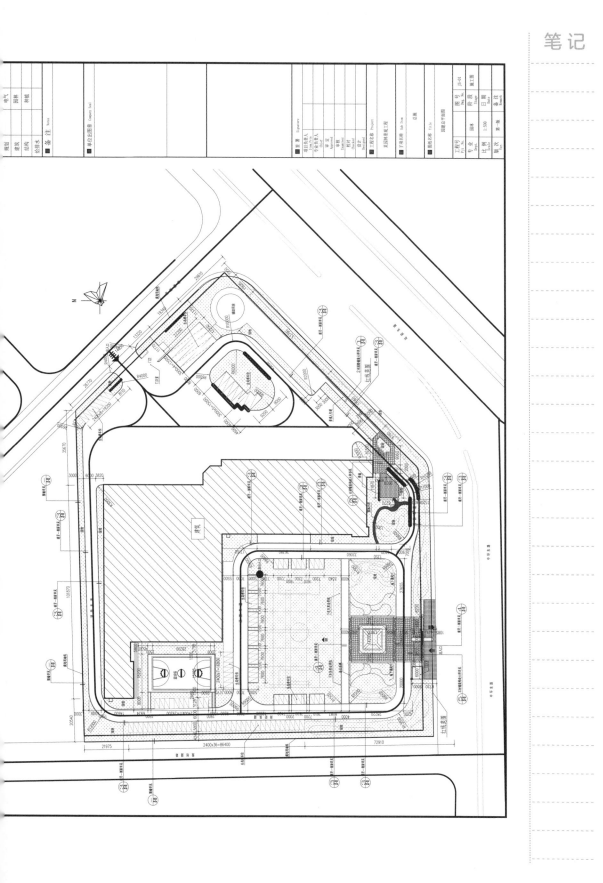

附录A 某园林景观工程施工图(项目3)

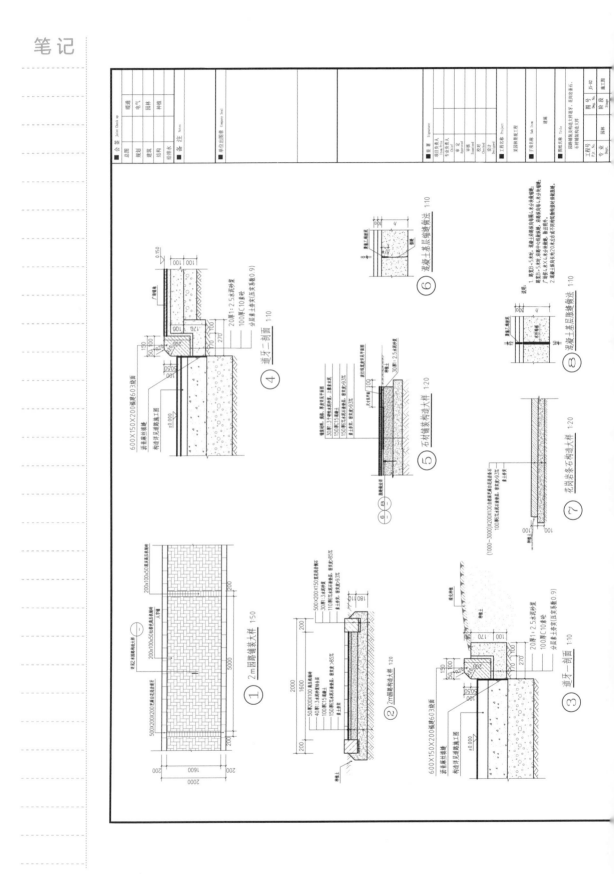

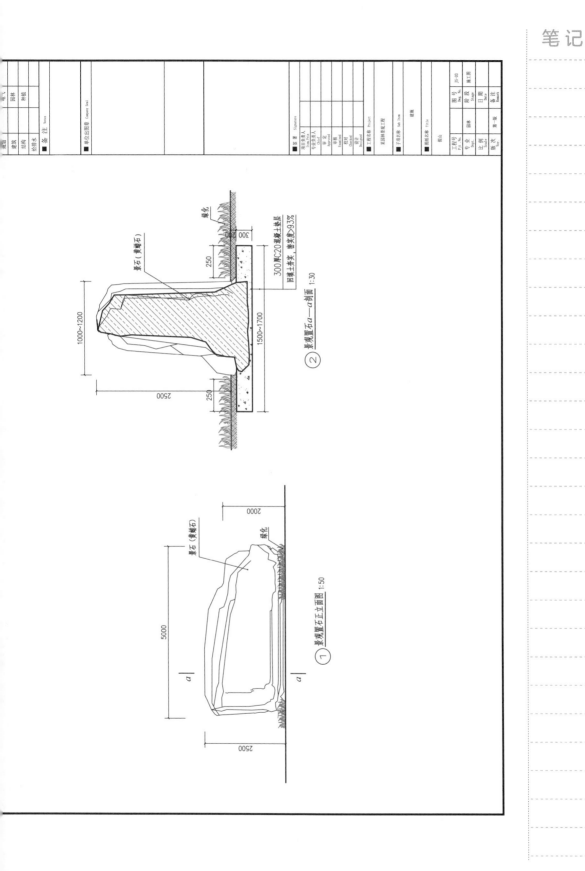

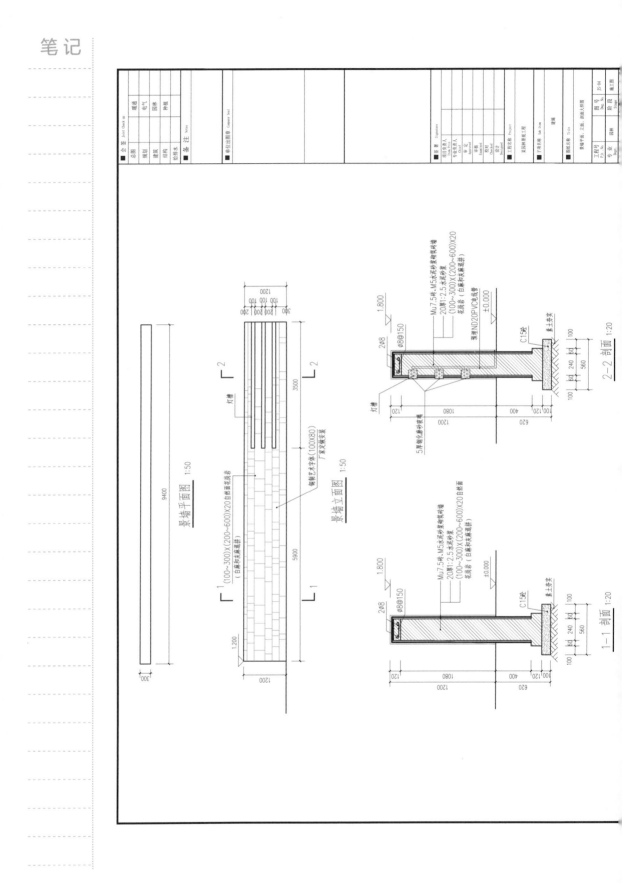

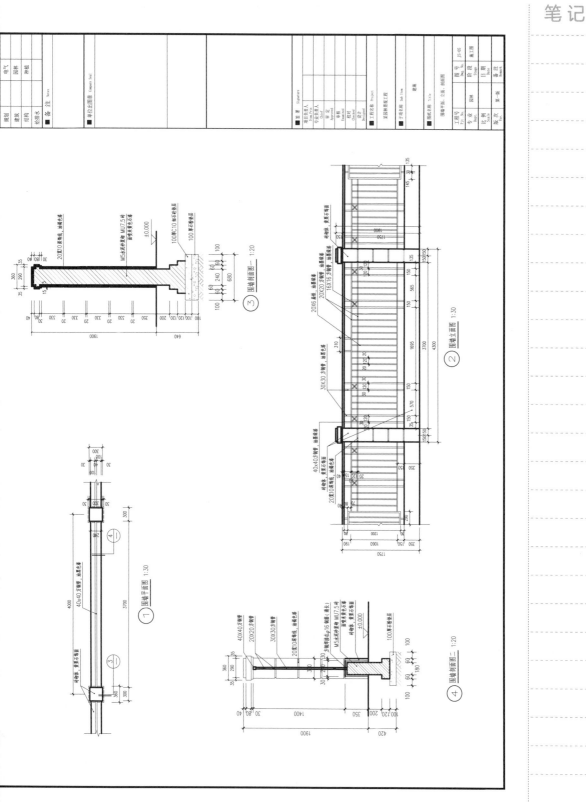

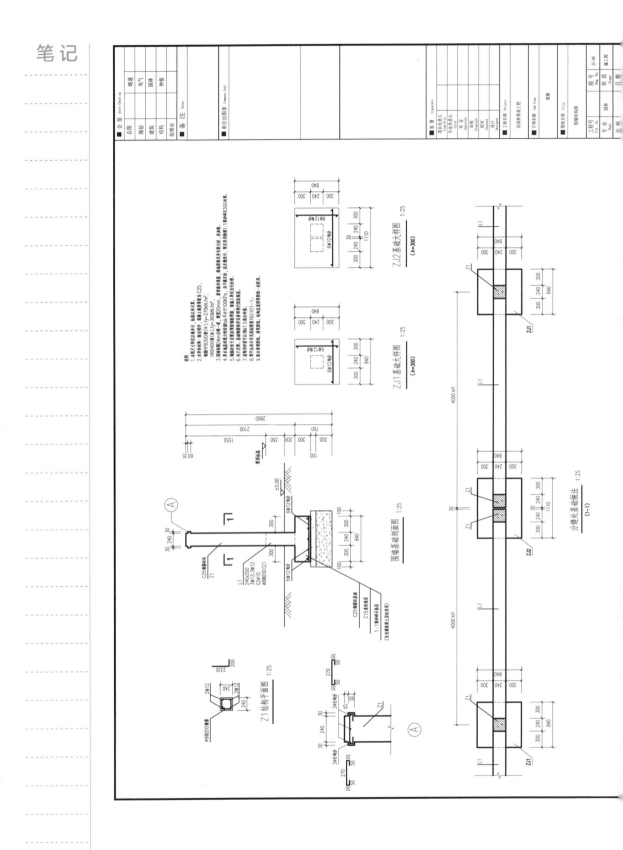

附录 B 某园林景观工程分部分项工程量清单综合单价分析表（项目 3）

工程名称：某园林景观工程—绿化工程

项目编码	050101010001	项目名称		整理绿化用地		计量单位	m^2	工程量	10318
			清单综合单价组成明细						
定额编号	定额项目名称	定额单位	数量	单价/元				合价/元	
				人工费	材料费	机具费	管理费和利润	人工费	材料费	机具费	管理费和利润
E1-1-1	绿化地铲除杂草	100m^2	0.01	21672	4		6718.32	216.72	0.04		67.18
人工单价			小计					216.72	0.04		67.18
		清单项目综合单价						283.94			

项目编码	050101009001	项目名称		种植土回（换）填		计量单位	m^3	工程量	4127.2
			清单综合单价组成明细						
定额编号	定额项目名称	定额单位	数量	单价/元				合价/元	
				人工费	材料费	机具费	管理费和利润	人工费	材料费	机具费	管理费和利润
E1-1-6	挖耕植土机械	100m^3	0.01	33600	4266.93	425.87	10548.02	336	42.67	4.26	105.48
人工单价			小计					336	42.67	4.26	105.48
		清单项目综合单价						488.41			

续表

项目编码	050102001001		项目名称	栽植乔木			计量单位	株	工程量	68
			清单综合单价组成明细							
定额编号	定额项目名称	定额单位	数量	单价/元				合价/元		
				人工费	材料费	机具费	管理费和利润	人工费	材料费	机具费	管理费和利润

定额编号	定额项目名称	定额单位	数量	人工费	材料费	机具费	管理费和利润	人工费	材料费	机具费	管理费和利润
E1-2-7	栽植乔木（胸径18cm以内）	100株	0.01	2169763.5	137631	5154.5	674224.58	21697.64	1376.31	51.55	6742.25
E1-3-3	单株、单丛植物灌溉 木保养 机械灌溉 胸径（φ）20以内 cm）20以内	100株·月	0.0312	115615.5	333.21	683.75	36052.77	3606.18	10.39	21.33	1124.53
E1-3-3×0.5	单株、单丛植物灌溉 木保养 机械灌溉 胸径（φ）第4～6月 cm）20以内 单价×0.5	100株·月	0.0312	57807.75	166.61	341.88	18026.38	1803.6	5.2	10.67	562.42
E1-3-3×0.25	单株、单丛植物灌溉 木保养 机械灌溉 胸径（φ）第7～12月 cm）20以内 单价×0.25	100株·月	0.0624	28903.88	83.3	170.94	9013.2	1803.6	5.2	10.67	562.42
E1-2-133	篙竹四脚桩支撑 竹长3m内	100株	0.0104	61950	2307.13		19204.5	644.28	23.99		199.73
人工单价			小计					29555.3	1421.09	94.22	9191.35
			未计价材料费						1352		
清单项目综合单价								40261.96			

续表8

项目编码	050102001003		项目名称	栽植乔木			计量单位	株		工程量	

清单综合单价组成明细

定额编号	定额项目名称	定额单位	数量	单价/元				合价/元			
				人工费	材料费	机具费	管理费和利润	人工费	材料费	机具费	管理费和利润
E1-2-9	栽植乔木（胸径25cm以内）	100株	0.01	2965816.5	210765	5151.3	921000.01	29658.17	2107.65	51.51	9210
E1-3-4×3	单株、单丛植物养护 乔木保养 机械灌溉 胸径（φ/cm）35以内 单价×3	100株·月	0.01	442696.5	1380.69	2930.78	138144.46	4426.97	13.81	29.31	1381.44
E1-3-4×1.5	单株、单丛植物养护 乔木保养 机械灌溉 胸径（φ/cm）35以内 单价×1.5	100株·月	0.01	221348.25	690.35	1465.39	69072.23	2213.48	6.9	14.65	690.72
E1-3-4×0.25,×6	单株、单丛植物养护 乔木保养 机械灌溉 胸径（φ/cm）35以内 第7～12月 单价×0.25 单价×6	100株·月	0.01	221348.23	690.36	1465.42	69072.23	2213.48	6.9	14.65	690.72
E1-2-129	茅竹四脚桩支撑 竹长3m内	100株	0.01	69090	4802.05		21417.9	690.9	48.02		214.18
人工单价			小计					39203	2183.28	110.12	12187.1
			未计价材料费						2080		
清单项目综合单价								53683.50			

续表 4

清单综合单价组成明细

| 项目编码 | 050102001004 | 项目名称 | 栽植乔木 | 计量单位 | 株 | 工程量 | 4 |

定额编号	定额项目名称	定额单位	数量	单价/元				合价/元			
				人工费	材料费	机具费	管理费和利润	人工费	材料费	机具费	管理费和利润
E1-2-13	栽植乔木（胸径 45cm 以内）	100 株	0.01	2409382.5	471855	44126.6	760587.81	24093.83	4718.55	441.27	7605.88
E1-3-1	单株、单丛植物保养 乔木保养 机械灌溉 胸径（φ/cm）6 以内	100 株·月	0.01	71110.5	110.97	198.29	22105.72	711.11	1.11	1.98	221.06
E1-3-5×3	单株、单丛植物保养 乔木保养 机械灌溉 胸径（φ/cm）50 以内 单价×3	100 株·月	0.01	531774	1653.48	3542.14	165948.01	5317.74	16.53	35.42	1659.48
E1-3-4×0.5,×3	单株、单丛植物保养 乔木保养 机械灌溉 胸径（φ/cm）35 以内 第 4~6 月 单价×0.5 单价×3	100 株·月	0.01	221348.26	690.36	1465.39	69072.23	2213.48	6.9	14.65	690.72
E1-3-4×0.25,×6	单株、单丛植物保养 乔木保养 机械灌溉 胸径（φ/cm）35 以内 第 7~12 月 单价×0.25 单价×6	100 株·月	0.01	221348.23	690.36	1465.42	69072.23	2213.48	6.9	14.65	690.72
E1-2-132	篙竹三脚桩支撑 竹长 6m 内	100 株	0.01	51660	1731.21		16014.6	516.6	17.31		160.15
E1-2-143	成品镀锌钢管护树桩支撑安装 四脚柱	套	1.04	5194.5	163.2		1610.3	5402.28	169.73		1674.71
人工单价			小计					40468.52	4937.03	507.97	12702.7
			未计价材料费								
清单项目综合单价								4680			
								58616.22			

续表 3

项目编码	050102001006	项目名称	栽植乔木		计量单位	株	工程量	3

清单综合单价组成明细

定额编号	定额项目名称	定额单位	数量	单价/元				合价/元			
				人工费	材料费	机具费	管理费和利润	人工费	材料费	机具费	管理费和利润
E1-2-10	栽植乔木（胸径30cm以内）	100株	0.01	4001113.5	470967	8182.1	1242881.64	40011.14	4709.67	81.82	12428.8
E1-3-6×3	单株、单丛植物灌溉 养护 机械灌溉 胸径（φ/cm）60以内 单价×3	100株·月	0.01	638325	1979.49	4180.5	199176.71	6383.25	19.79	41.81	1991.77
E1-3-4×0.5, ×3	单株、单丛植物灌溉 养护 机械灌溉 胸径（φ/cm）35以内 第4~6月 单价×0.5 单价×3	100株·月	0.01	221348.26	690.36	1465.39	69072.23	2213.48	6.9	14.65	690.72
E1-3-4×0.25, ×6	单株、单丛植物 养护 机械灌溉 胸径（φ/cm）35以内 第7~12月 单价×0.25 单价×6	100株·月	0.01	221348.23	690.36	1465.42	69072.23	2213.48	6.9	14.65	690.72
E1-2-133	篙竹四脚桩支撑 竹长3m内	100株	0.01	61950	2307.13		19204.5	619.5	23.07		192.05
人工单价			小计					51440.85	4766.33	152.93	15994.1
			未计价材料费					4680			
清单项目综合单价								72354.21			

续表

项目编码	050102001007	项目名称	栽植乔木		计量单位	株	工程量	127
清单综合单价组成明细								
定额编号	定额项目名称	定额单位	数量	单价/元				合价/元			

定额编号	定额项目名称	定额单位	数量	人工费	材料费	机具费	管理费和利润	人工费	材料费	机具费	管理费和利润
E1-2-6	栽植乔木（胸径15cm以内）	100株	0.01	2007282	56290.9	4243.94	623573.04	20072.82	562.91	42.44	6235.73
E1-3-2×3	单株、单丛植物养 乔木保 机械灌溉 胸径（φ/cm）12以内 单价×3	100株·月	0.01	272241	579.75	1158.27	84753.78	2722.41	5.8	11.58	847.54
E1-3-2 ×0.5,×3	单株、单丛植物养 乔木保 机械灌溉 胸径（φ/cm）12以内 第4~6月 单价×0.5 单价×3	100株·月	0.01	136120.5	289.89	579.14	42376.89	1361.21	2.9	5.79	423.77
E1-3-2 ×0.25,×6	单株、单丛植物养 乔木保 机械灌溉 胸径（φ/cm）12以内 第7~12月 单价×0.25 单价×6	100株·月	0.01	136120.53	289.86	579.17	42376.91	1361.21	2.9	5.79	423.77
E1-2-128	茅竹三脚桩支撑 竹长6m内	100株	0.01	57540	3602.4		17837.4	575.4	36.02		178.37
人工单价				小计				26093.05	610.53	65.6	8109.18
				未计价材料费					540.8		
清单项目综合单价								34878.36			

续表7

项目编码	050102001008		项目名称	栽植乔木		计量单位	株	工程量	
清单综合单价组成明细									
定额编号	定额项目名称	定额单位	数量	单价/元				合价/元	
				人工费	材料费	机具费	管理费和利润	人工费	材料费	机具费	管理费和利润

定额编号	定额项目名称	定额单位	数量	人工费	材料费	机具费	管理费和利润	人工费	材料费	机具费	管理费和利润
E1-3-3×0.5、×3	单株、单丛植物保 养乔木保 养 机械灌溉 胸径（φ/cm）20 以内 第 4～6 月 单价×0.5 单价×3	100株·月	0.01	173423.26	499.83	1025.64	54079.16	1734.23	5	10.26	540.79
E1-3-3×0.25、×6	单株、单丛植物保 养乔木保 养 机械灌溉 胸径（φ/cm）20 以内 第 7～12 月 单价×0.25 单价×6	100株·月	0.01	173423.23	499.8	1025.64	54079.15	1734.23	5	10.26	540.79
E1-2-128	茅竹三脚桩支撑 竹长 6m 内	100株	0.01	57540	3602.4		17837.4	575.4	36.02		178.37
E1-2-8	栽植乔木（胸径 20cm 以内）	100株	0.01	2567676	117034	4946.07	797512.84	25676.76	1170.34	49.46	7975.13
E1-3-3×3	单株、单丛植物保 养乔木保 养 机械灌溉 胸径（φ/cm）20 以内 单价×3	100株·月	0.01	346846.5	999.63	2051.27	108158.31	3468.47	10	20.51	1081.58
人工单价			小计					33189.09	1226.36	90.49	10316.7
			未计价材料费					1144			
清单项目综合单价								44822.64			

续表 7

项目编码	050102001009		项目名称	栽植乔木			计量单位	株	工程量	
清单综合单价组成明细										
定额编号	定额项目名称	定额单位	数量	单价/元				合价/元			
				人工费	材料费	机具费	管理费和利润	人工费	材料费	机具费	管理费和利润
E1-2-5	栽植乔木（胸径 12cm 以内）	100 株	0.01	1400904	25684.2	3242.33	435285.36	14009.04	256.84	32.42	4352.85
E1-3-2×3	单株、单丛植物灌溉 乔木保养 机械灌溉 胸径（φ/cm）12 以内 单价×3	100株·月	0.01	272241	579.75	1158.27	84753.78	2722.41	5.8	11.58	847.54
E1-3-2 ×0.5, ×3	单株、单丛植物灌溉 乔木保养 机械灌溉 胸径（φ/cm）12 以内 第 4～6 月 单价×0.5 单价×3	100株·月	0.01	136120.5	289.89	579.14	42376.89	1361.21	2.9	5.79	423.77
E1-3-2 ×0.25, ×6	单株、单丛植物灌溉 乔木保养 机械灌溉 胸径（φ/cm）12 以内 第 7～12 月 单价×0.25 单价×6	100株·月	0.01	136120.53	289.86	579.17	42376.91	1361.21	2.9	5.79	423.77
E1-2-139	混凝土绿化支撑 二脚柱	100 株	0.01	80850	3564.86		25063.5	808.5	35.65		250.64
人工单价			小计					20262.37	304.09	55.58	6298.57
			未计价材料费					239.2			
清单项目综合单价								26920.61			

续表11

项目编码	050102001010		项目名称		栽植乔木		计量单位	株		工程量	

清单综合单价组成明细

定额编号	定额项目名称	定额单位	数量	单价/元				合价/元			
				人工费	材料费	机具费	管理费和利润	人工费	材料费	机具费	管理费和利润
E1-2-6	栽植乔木（胸径15cm以内）	100株	0.01	2007282	54210.9	4243.94	623573.04	20072.82	542.11	42.44	6235.73
E1-3-2×3	单株、单丛植物保养 乔木保养 机械灌溉 胸径（φ/cm）12以内 单价×3	100株·月	0.01	272241	579.75	1158.27	84753.78	2722.41	5.8	11.58	847.54
E1-3-2×0.5、×3	单株、单丛植物保养 乔木保养 机械灌溉 胸径（φ/cm）12以内 第4～6月 单价×0.5 单价×3	100株·月	0.01	136120.5	289.89	579.14	42376.89	1361.21	2.9	5.79	423.77
E1-3-2×0.25、×6	单株、单丛植物保养 乔木保养 机械灌溉 胸径（φ/cm）12以内 第7～12月 单价×0.25 单价×6	100株·月	0.01	136120.53	289.86	579.17	42376.91	1361.21	2.9	5.79	423.77
E1-2-130	茅竹四脚桩支撑 竹长6m内	100株	0.01	76650	4803.21		23761.5	766.5	48.03		237.62
人工单价			小计					26284.15	601.74	65.6	8168.43
			未计价材料费						520		
清单项目综合单价								35119.92			

续表

项目编码	050102002001		项目名称		栽植灌木		计量单位	株	工程量	35
清单综合单价组成明细										
定额编号	定额项目名称	定额单位	数量	单价/元				合价/元		
				人工费	材料费	机具费	管理费和利润	人工费	材料费	机具费	管理费和利润
E1-2-22	栽植灌木（冠径150cm以内）	株	1	960313.5	1783.09	262.13	297778.44	960313.5	1783.09	262.13	297778
E1-3-18×3	单株、单丛植物保养 灌木保养 人工灌溉 冠径（φ/cm）180以内 单价×3	100株·月	0.0104	338026.5	283.26	16.21	104793.24	3515.48	2.95	0.17	1089.85
E1-3-18×0.5、×3	单株、单丛植物保养 灌木保养 人工灌溉 冠径（φ/cm）180以内 第4～6月 单价×0.5 单价×3	100株·月	0.0104	169013.26	141.63	8.11	52396.63	1757.74	1.47	0.08	544.92
E1-3-18×0.25、×6	单株、单丛植物保养 灌木保养 人工灌溉 冠径（φ/cm）180以内 第7～12月 单价×0.25 单价×6	100株·月	0.0104	169013.23	141.66	8.11	52396.61	1757.74	1.47	0.08	544.92
人工单价			小计					967344.46	1788.98	262.46	299958
			未计价材料费					572			
清单项目综合单价								1269353.90			

续表 93

清单综合单价组成明细

项目编码	050102008001		项目名称	栽植花卉			计量单位	m²			工程量	0.5
定额编号	定额项目名称	定额单位	数量	单价/元				合价/元				
				人工费	材料费	机具费	管理费和利润	人工费	材料费	机具费	管理费和利润	
E1-2-67	露地花卉成片栽植 木本花卉（营苗袋φ15cm以内）	100m²	0.01	116331	6296.42	31.46	36072.36	1163.31	62.96	0.31	360.72	
E1-3-75 ×0.5、×3	片植木本花卉保养 喷灌 第4～6月 单价×0.5 单价×3	100m²·月	0.01	62491.5	145.44	4.72	19373.83	624.92	1.45	0.05	193.74	
E1-3-75 ×0.25、×6	片植木本花卉保养 喷灌 第7～12月 单价×0.25 单价×6	100m²·月	0.01	62491.53	145.44	4.75	19373.85	624.92	1.45	0.05	193.74	
E1-3-75×3	片植木本花卉保养 喷灌 单价×3	100m²·月	0.01	124983	290.88	9.46	38747.66	1249.83	2.91	0.09	387.48	
人工单价			小计					3662.98	68.77	0.5	1135.68	
			未计价材料费					58.8				
清单项目综合单价								4867.93				

续表58

项目编码	050102008007		项目名称	栽植花卉		计量单位	m²	工程量	
清单综合单价组成明细									
定额编号	定额项目名称	定额单位	数量	单价/元				合价/元	
				人工费	材料费	机具费	管理费和利润	人工费	材料费	机具费	管理费和利润
E1-2-72	露地花卉成片栽植 草本花卉（育苗袋φ15cm 以内）	100m²	0.01	157258.5	13969.7	66.41	48770.72	1572.59	139.7	0.66	487.71
E1-3-76×0.5, ×3	片植草本及球（块）根花卉保养 机械灌溉 第4～6月 单价×0.5 单价×3	100m²·月	0.01	78572.26	142.08	321.38	24457.03	785.72	1.42	3.21	244.57
E1-3-76×0.25, ×6	片植草本及球（块）根花卉保养 机械灌溉 第7～12月 单价×0.25 单价×6	100m²·月	0.01	78572.23	142.08	321.38	24457.02	785.72	1.42	3.21	244.57
E1-3-76×3	片植草本及球（块）根花卉保养 机械灌溉 单价×3	100m²·月	0.01	157144.5	284.16	642.75	48914.05	1571.45	2.84	6.43	489.14
人工单价			小计					4715.48	145.38	13.51	1465.99
			未计价材料费					132.72			
清单项目综合单价								6340.36			

续表

项目编码	050102012001		项目名称	铺种草皮		计量单位	m²	工程量	206
清单综合单价组成明细									
定额编号	定额项目名称	定额单位	数量	单价/元				合价/元	
				人工费	材料费	机具费	管理费和利润	人工费	材料费	机具费	管理费和利润
E1-2-96	铺草皮 原土铺草皮	100m²	0.01	80458.5	1000.86	66.41	24962.72	804.59	10.01	0.66	249.63
E1-3-85×3	草皮保养 机械灌溉 单价×3	100m²·月	0.01	67783.5	141.57	345.5	21119.99	677.84	1.42	3.46	211.2
E1-3-85×0.5,×3	草皮保养 机械灌溉 第 4~6月 单价×0.5 单价×3	100m²·月	0.01	33891.76	70.8	172.76	10560	338.92	0.71	1.73	105.6
E1-3-85×0.25,×6	草皮保养 机械灌溉 第 7~12月 单价×0.25 单价×6	100m²·月	0.01	33891.76	70.8	172.76	10560	338.92	0.71	1.73	105.6
人工单价			小计					2160.27	12.85	7.58	672.03
			未计价材料费					2.35			
清单项目综合单价								2852.73			

附录B 某园林景观工程分部分项工程量清单综合单价分析表（项目3）

工程名称：某园林景观工程—围墙基础工程

项目编码	010501003001	项目名称	围墙基础				计量单位	m		工程量	641

清单综合单价组成明细

定额编号	定额项目名称	定额单位	数量	单价/元				合价/元			
				人工费	材料费	机具费	管理费和利润	人工费	材料费	机具费	管理费和利润
A1-4-121	碎石垫层 干铺	10m³	0.0313	260052	3043.68	7.58	91384.94	8131.39	95.17	0.24	2857.45
A1-5-2 H80210180 80210180 10.15	现浇建筑物混凝土，其他混凝土基础，主材[80210180]混凝土为10.15	10m³	0.0104	182768	3039.86	8.08	89103.34	1904.95	31.68	0.08	928.7
80210390	C15混凝土 10 石（配合比）	m³	0.1058		445.4				47.12		
A1-5-2	现浇建筑物混凝土 其他混凝土基础	10m³	0.0061	182768	3025.29	8.08	89103.34	1120.84	18.55	0.05	546.44
80210435	C25混凝土 20 石（配合比）	m³	0.0619		466.86				28.92		
A1-5-106R×2, J×2	现浇构件带肋钢筋φ25以内 现浇或预制小型构件钢筋 人工×2，机械×2	t	0.0023	382528	3719.1	107.12	186534.62	884.35	8.6	0.25	431.24
人工单价		小计						12041.53	230.04	0.62	4763.83

附录B　某园林景观工程分部分项工程量清单综合单价分析表（项目3）

续表

项目编码	010503002001	项目名称	围墙梁	计量单位	m	工程量	641

清单综合单价组成明细

定额编号	定额项目名称	定额单位	数量	单价/元					合价/元			
				人工费	材料费	机具费	管理费和利润	人工费	材料费	机具费	管理费和利润
A1-5-9	现浇建筑物混凝土 单梁、连续梁、异形梁	10m³	0.012	194912	3111.99	13.11	95025.99	2337.63	37.32	0.16	1139.67
80210435	C25混凝土20石（配合比）	m³	0.1211		466.86				56.55		
A1-5-102R×2,J×2	现浇构件圆钢φ10以内 现浇构件预制小型构件钢筋 人工×2, 机械×2	t	0.004	568200	3694.01	57.32	277025.44	2246.03	14.6	0.23	1095.05
A1-5-106R×2,J×2	现浇构件带肋钢筋φ25以内 现浇构件预制小型构件钢筋 人工×2, 机械×2	t	0.0053	382528	3719.1	107.12	186534.62	2017.13	19.61	0.56	983.63
人工单价			小计					6600.79	128.08	0.95	3218.35
			清单项目综合单价					9948.17			

附录B　某园林景观工程分部分项工程量清单综合单价分析表（项目3）

笔记

续表

项目编码		010502001001		项目名称	矩形柱			计量单位	m^3	工程量	21.8938
清单综合单价组成明细											
定额编号	定额项目名称	定额单位	数量	单价 / 元				合价 / 元			
				人工费	材料费	机具费	管理费和利润	人工费	材料费	机具费	管理费和利润
A1-5-5	现浇建筑物混凝土 矩形、多边形、异形、圆形柱、钢管柱	$10m^3$	0.1	472400	3131.82	13.01	230301.34	47240	313.18	1.3	23030.13
80210435	C25 混凝土 20 石（配合比）	m^3	1.01		466.86				471.53		
A1-5-105R×2,J×2	现浇构件带肋钢筋 ϕ10 以内　现浇或预制小型构件钢筋 人工 ×2, 机械 ×2	t	0.0412	524816	4110.68	58.8	255876.47	21643.4	169.52	2.42	10552.34
A1-5-106R×2,J×2	现浇构件带肋钢筋 ϕ25 以内　现浇或预制小型构件钢筋 人工 ×2, 机械 ×2	t	0.0985	382528	3719.1	107.12	186534.62	37683.56	366.38	10.55	18375.88
人工单价		小计						106566.96	1320.61	14.27	51958.35
		未计价材料费									
清单项目综合单价								159860.19			

工程名称：某园林景观工程—景墙工程

项目编码	010401001002	项目名称	基础	计量单位	m	工程量	10

清单综合单价组成明细

定额编号	定额项目名称	定额单位	数量	单价/元				合价/元			
				人工费	材料费	机具费	管理费和利润	人工费	材料费	机具费	管理费和利润
A1-1-4	原土打夯 机械夯实 压路机碾压	100m²	0.0116	3964		10.91	1411.09	45.98		0.13	16.37
8021902	普通预拌混凝土 碎石粒径综合考虑 C15	m³	0.0566		310				17.53		
A1-4-1	砖基础	10m³	0.0331	622088	1651.56		218601.72	20591.11	54.67		7235.72
80010070	砌筑用水泥砂浆（强度等级）中砂，M5	m³	0.0781		161.23				12.6		
A1-5-2	现浇建筑物混凝土 其他混凝土基础	10m³	0.0056	182768	81.24	8.08	89103.34	1023.5	0.45	0.05	498.98
人工单价					小计			21660.59	85.25	0.18	7751.07
				清单项目综合单价				29497.09			

续表

项目编码	010401003001	项目名称	实心砖墙		计量单位	m	工程量	10

清单综合单价组成明细

| 定额编号 | 定额项目名称 | 定额单位 | 数量 | 单价/元 | | | | 合价/元 | | | |
				人工费	材料费	机具费	管理费和利润	人工费	材料费	机具费	管理费和利润
A1-4-6	混水砖外墙 墙体厚度1砖	10m³	0.1	763932	1724.39		268445.7	76393.2	172.44		26844.57
80010070	砌筑用水泥砂浆（强度等级）中砂，M5	m³	0.229		161.23				36.92		
A1-5-105	现浇构件带肋钢筋 φ10以内	t	0.0016	262408	3855.53	29.4	127938.23	409.36	6.01	0.05	199.58
A1-5-111	现浇构件箍筋 圆钢 φ10以内	t	0.0015	498440	3690.3	59.43	243018.48	742.68	5.5	0.09	362.1
A1-5-111	现浇构件箍筋 圆钢 φ10以内	t	0.0027	498440	3690.3	59.43	243018.48	1320.87	9.78	0.16	644
人工单价			小计					78866.11	230.65	0.3	28050.25
			清单项目综合单价						107147.31		

续表

项目编码	011204001001	项目名称	石材墙面		计量单位	m²	工程量	31.3269
		清单综合单价组成明细						
定额编号	定额项目名称	定额单位	数量	单价/元				合价/元			

定额编号	定额项目名称	定额单位	数量	人工费	材料费	机具费	管理费和利润	人工费	材料费	机具费	管理费和利润
A1-13-134	镶贴花岗岩（水泥砂浆）墙面	100m²	0.01	1859140	23391.57		659994.7	18591.4	233.92		6599.95
80010230	抹灰水泥砂浆（配合比）中砂1:3	m³	0.0067		223.91				1.5		
人工单价			小计					18591.4	235.42		6599.95
		清单项目综合单价						25426.77			

工程名称：某园林景观工程—园路工程

项目编码	050201003001	项目名称	路牙铺设		计量单位	m	工程量	444
		清单综合单价组成明细						

定额编号	定额项目名称	定额单位	数量	单价/元				合价/元			
				人工费	材料费	机具费	管理费和利润	人工费	材料费	机具费	管理费和利润
A1-18-67	石件安装 园路侧石	10m	0.1	55052	27.57		18783.74	5505.2	2.76		1878.37
人工单价			小计					5505.2	2.76		1878.37
		清单项目综合单价						7386.33			

续表

项目编码		050201001002		项目名称		园路		计量单位	m²		工程量	222
清单综合单价组成明细												
定额编号	定额项目名称	定额单位	数量	单价/元				合价/元				
				人工费	材料费	机具费	管理费和利润	人工费	材料费	机具费	管理费和利润	
A1-1-4	原土打夯 机械夯实 压路机碾压	100m²	0.021	3964		10.72	1411.02	83.24		0.23	29.63	
借D2-2-12	机械铺筑水泥石屑（碎石）混合料 厚度15cm	100m²	0.0032	25124	704.69	158.4	6664.44	79.14	2.22	0.5	20.99	
A1-5-2	现浇建筑物混凝土 其他混凝土基础	10m³	0.016	182768	4516.96	8.08	89103.34	2922.64	72.23	0.13	1424.85	
80210390	C15 混凝土 10 石（配合比）	m³	0.1615		445.4				71.94			
A1-17-27	耐力砖路面 砂浆结合层	10m²	0.16	45604	155.05		16266.95	7296.64	24.81		2602.71	
80010230	抹灰水泥砂浆（配合比）中砂 1:3	m³	0.08		434.68				34.77			
人工单价				小计				10381.66	205.97	0.86	4078.18	
				未计价材料费					2.17			
清单项目综合单价								14666.67				

附录B 某园林景观工程分部分项工程量清单综合单价分析表（项目3）

工程名称：某园林景观工程—假山工程

项目编码	050301002001	项目名称	堆砌石假山	计量单位	t	工程量	30.94

清单综合单价组成明细

定额编号	定额项目名称	定额单位	数量	单价/元					合价/元				
				人工费	材料费	机具费	管理费和利润	人工费	材料费	机具费	管理费和利润
A1-17-47	布置景石 单件质量（10t以内）	t	1	346980	802.45	825.2	124062.11	346980	802.45	825.2	124062.11
A1-1-3	原土打夯 机械夯实 夯实机夯实	100m²	0.0036	53980		16.34	19168.7	191.91		0.06	68.15
8021903	普通预拌混凝土 碎石粒径综合考虑 C20	m³	0.1067		322				34.34		
A1-5-2	现浇建筑物混凝土 其他混凝土基础	10m³	0.1	182768	648.67	8.08	89103.34	18276.8	64.87	0.81	8910.33
人工单价		小计						365448.71	901.66	826.07	133040.59
		清单项目综合单价						500217.03			

参考文献

[1] 中华人民共和国住房和城乡建设部.园林绿化工程工程量计算规范.GB 50858—2013 [S].北京：中国计划出版社,2013.

[2] 中华人民共和国住房和城乡建设部.建设工程工程量清单计价规范：GB 50500—2013 [S].北京：中国计划出版社,2013.

[3] 全国造价工程师执业资格考试培训教材编审委员会.建设工程计价 [M].6 版.北京：中国计划出版社,2013.

[4] 樊俊喜,刘新燕.园林绿化工程工程量清单计价编制与实例 [M].北京：机械工业出版社,2010.

[5] 樊俊喜.园林工程建设概预算 [M].北京：化学工业出版社,2005.

[6] 吴立威,周业生.园林工程招投标与预决算 [M].北京：科学出版社,2010.

[7] 吴立威,徐卫星.园林工程招投标与预决算 [M].北京：科学出版社,2016.

[8] 廖伟平,孔令伟.园林工程招投标与概预算 [M].重庆：重庆大学出版社,2013.

[9] 陈振锋.园林工程预决算 [M].北京：机械工业出版社,2018.